Masahiro Chatani

Kunstwerke aus Papier

BAND 1

Orell Füssli

W0185165

Dagmar Mempel
Bahnhofstraße 26
99198 Vieselbach
Tel.+Fax: 036203/50544

2. Auflage 1990

Übersetzung: Dieter W. Portmann

Copyright © 1984 Masahiro Chatani & Ondorisha Publishers, Ltd.
Copyright © 1986 für die deutschsprachige Ausgabe
Orell Füssli Verlag Zürich und Wiesbaden
Printed in Japan
ISBN 3 280 01669 X

Inhalt

Einleitung

Nach verschiedenen Experimenten mit originellen Grußkarten versuchte ich schließlich, durch Falten, Zuschneiden und Zusammenleimen von Papier plastische und komplizierte, aufklappbare Karten herzustellen. Meine Freunde waren von diesen kleinen Kunstwerken so entzückt, daß ich sie Ihnen nun auch vorstellen möchte. Wenn Sie eine dieser zusammengefalteten Konstruktionen in Postkartengröße öffnen, entstehen vor Ihren Augen fantastische Strukturen. Das faszinierende Spiel von Licht und Schatten wird Sie in eine wahre Traumwelt entführen.

Versuchen Sie sich selber in der Kunst, solche Karten herzustellen. Ihrer Fantasie sind dabei kaum Grenzen gesetzt. **Und geben Sie nicht auf, wenn Ihnen etwas nicht gleich auf Anhieb gelingt.** Sie wissen doch: Übung macht den Meister!

Im folgenden werden **drei** verschiedene Typen solcher Karten beschrieben. Für zwei davon brauchen Sie nur einen einzelnen Bogen dünnen Kartons. Die **einfachsten** Karten brauchen nach Fertigstellung nicht mehr geöffnet zu werden; die etwas **komplizierteren** Karten werden um 90 Grad aufgeklappt.

Mehr Geschicklichkeit erfordern dann die Karten, **welche um 180 Grad geöffnet werden.** Aber versuchen Sie es ruhig, es lohnt sich auf jeden Fall! Für diese Karten müssen die Einzelteile nach den abgedruckten Mustern ausgeschnitten, zusammengefügt und mit Faden auf der eigentlichen Karte, der Basis, befestigt werden. Was sich dann beim Öffnen abspielt, ist selbst mit Hilfe von komplizierten Diagrammen nicht leicht zu durchschauen und zu verstehen.

Ich hoffe, daß diese kleinen Kunstwerke Ihnen viel Freude bereiten und daß Sie sich zu einem Meister der Papierkunst entwickeln. Ich bin überzeugt, daß diese Kunst allen, ob jung oder alt, die Freizeit verkürzen hilft.

Masahiro Chatani

Autor: Masahiro Chatani

1967: Dr. ing.

1977: Außerordentlicher Professor an der University of Washington in Seattle (USA)

1980: Professor am Institut für Technologie in Tokio

Hinweise und Tips

Alle abgebildeten Figuren sind zusammenklappbar und können als Karten verschickt werden.

Einfachere Karten (0° und 90°): Wenn die Muster nur einmal verwendet werden, können sie direkt aus dem Buch geschnitten (S. 41–87), andernfalls müssen sie kopiert werden (s. unten).

Materialien und Werkzeuge (Seite 20): Die folgenden Werkzeuge sind nicht unbedingt erforderlich (s. unten): Zeichendreieck, Kopierstift, Zirkel, Transporteur, Taschenrechner, oder können durch einfachere Werkzeuge ersetzt werden (z. B. Schneidzirkel durch Schere).

Maßstab 7:10 (Seite 28, 29, 32–35) resp. 8:10 (Seite 38, 40) oder Originalgröße: Diese Größenangaben beziehen sich auf eine Kartenbasis von 15 x 10 cm (siehe Seite 21). Die Muster können mit Hilfe von Millimeterpapier und den oben aufgeführten Werkzeugen auf die entsprechenden Maße vergrößert werden.

Andere, einfachere Möglichkeiten:

- Die Muster in der angegebenen Größe übernehmen; die Kartenbasis wird entsprechend verkleinert.
- **Die Muster in einer Kopier- resp. Lichtpausanstalt auf die entsprechende Größe kopieren lassen.**

Muster kopieren resp. übertragen: Kopierstifte sind nur in Spezialgeschäften erhältlich. Mit der folgenden einfachen Kopiermethode kann jedoch darauf verzichtet werden: Das Muster aus dem Buch auf transparentes (Millimeter-)Papier übertragen resp. vergrößern, Rückseite mit weichem Bleistift schraffieren, transparentes Papier mit schraffierter Seite nach unten auf Karton legen, Konturen mit spitzem, hartem Gegenstand (z. B. sehr dünne Stricknadel, Kugelschreiber) nachziehen.

Varianten:

- Die Karten können beliebig bemalt oder aus farbigem Karton hergestellt werden.
- Mit ein wenig Fantasie können die Karten – eventuell die Figuren ohne die Kartenbasis – auf vielfältigste Art verwendet werden: als Tischkarten (z. B. Seerose Seite 7), als Mobiles (z. B. Kugel Seite 15 in verschiedenen Größen), als Dekoration für Kinderfeste (z. B. Tiere Seite 16/17), usw.

Dreistöckige Pagode

Anleitung Seite 27

Das heilige Feuer
Anleitung Seite 28

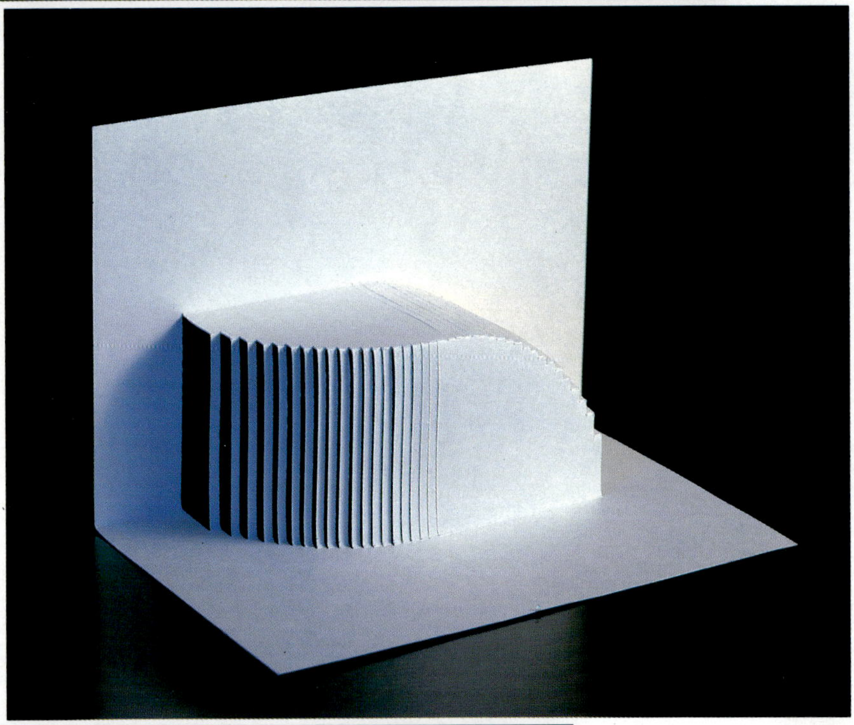

Block
Anleitung Seite 41

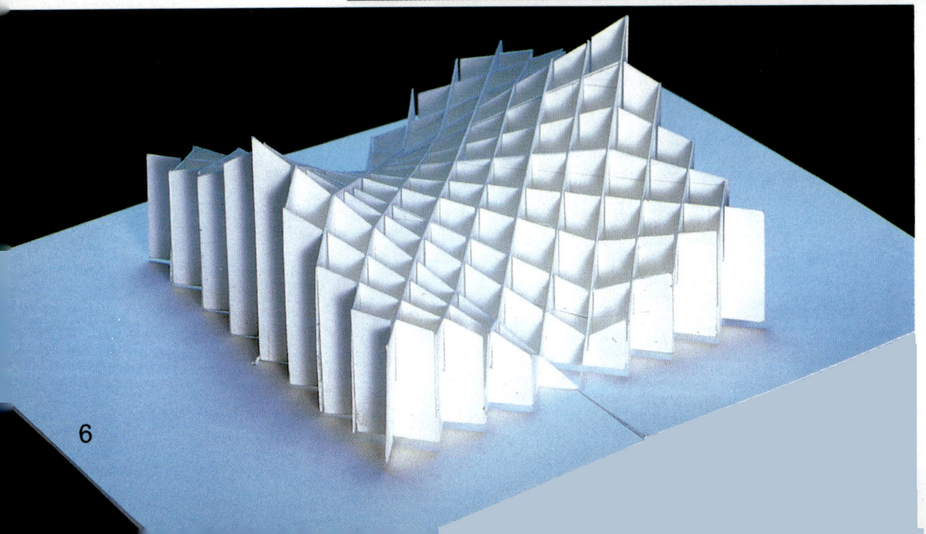

Palast auf dem Meeres-grund
Anleitung Seite 29–30

Der weiße Geist

Anleitung Seite 31

Seerose

Anleitung Seite 32

Japanische Puppen

Anleitung Seite 43

Wetterhahn

Anleitung Seite 33

Maus

Anleitung Seite 45

Diamant
Anleitung Seite 24

Glaspalast
Anleitung Seite 34

Amphitheater

Anleitung Seite 47

Der Turm von Babel

Anleitung Seite 35

Weiße Kapelle

Anleitung Seite 49

Zelt

Anleitung Seite 22

Schloß

Anleitung Seite 51

Japanischer Tempel

Anleitung Seite 30

No-Bühne

Anleitung Seite 36

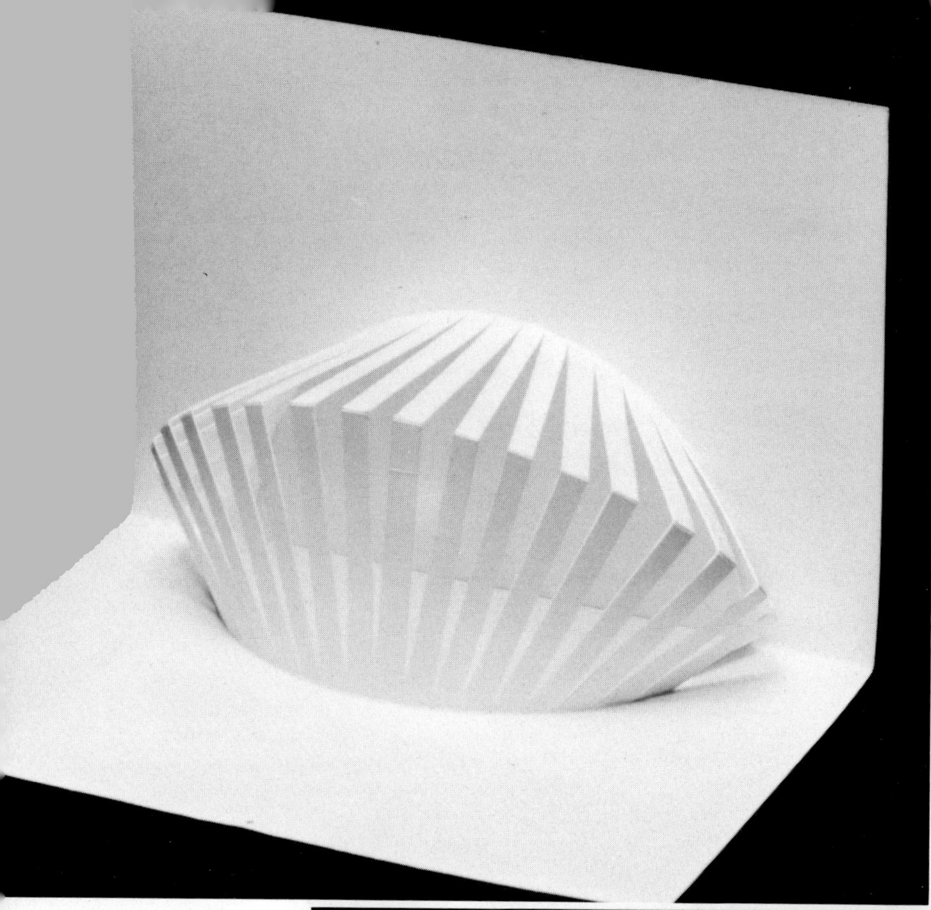

Die musikalische Muschel
Anleitung Seite 53

Stufen-labyrinth
Anleitung Seite 55

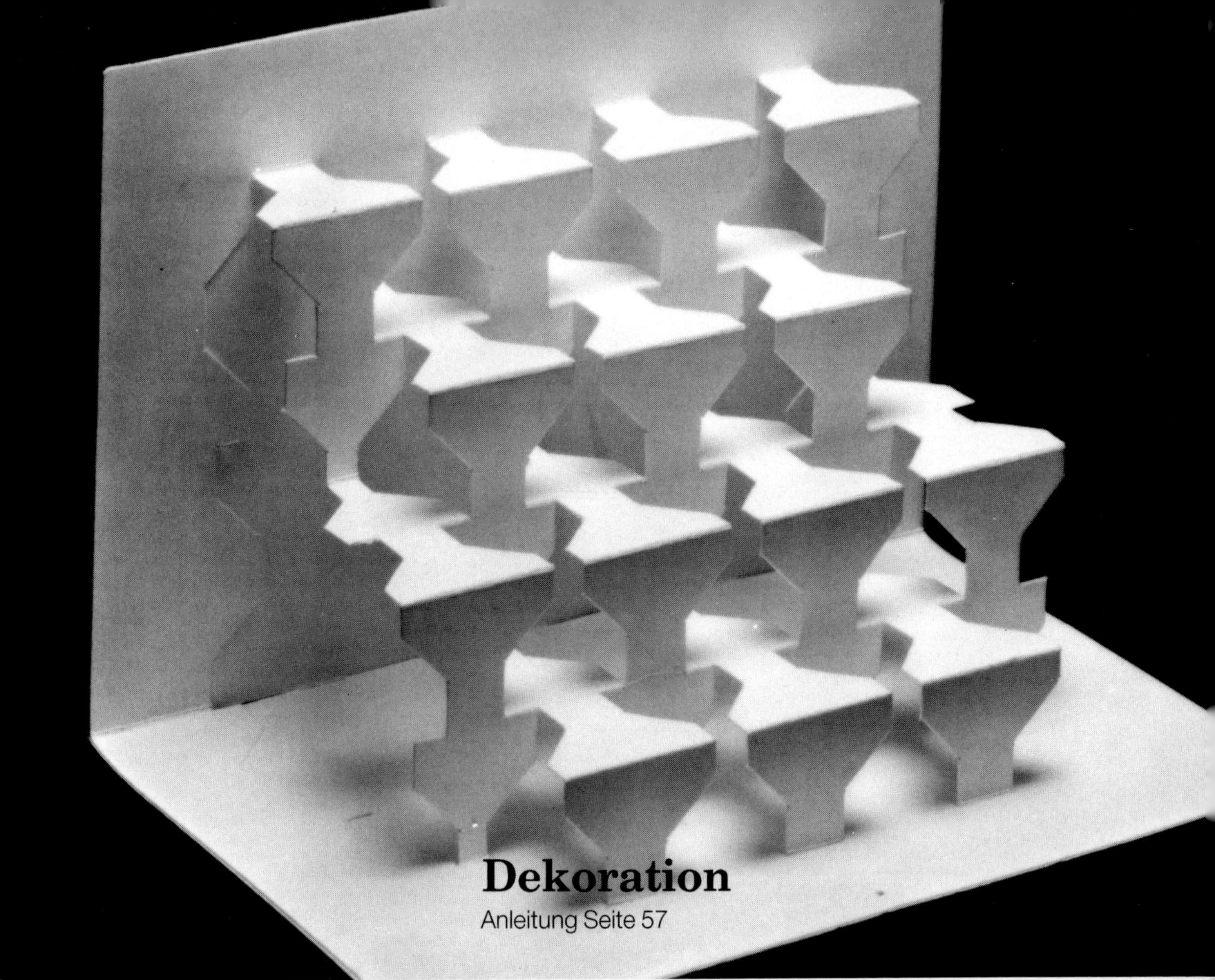

Dekoration

Anleitung Seite 57

Vase

Anleitung Seite 37

Kugel
Anleitung Seite 38

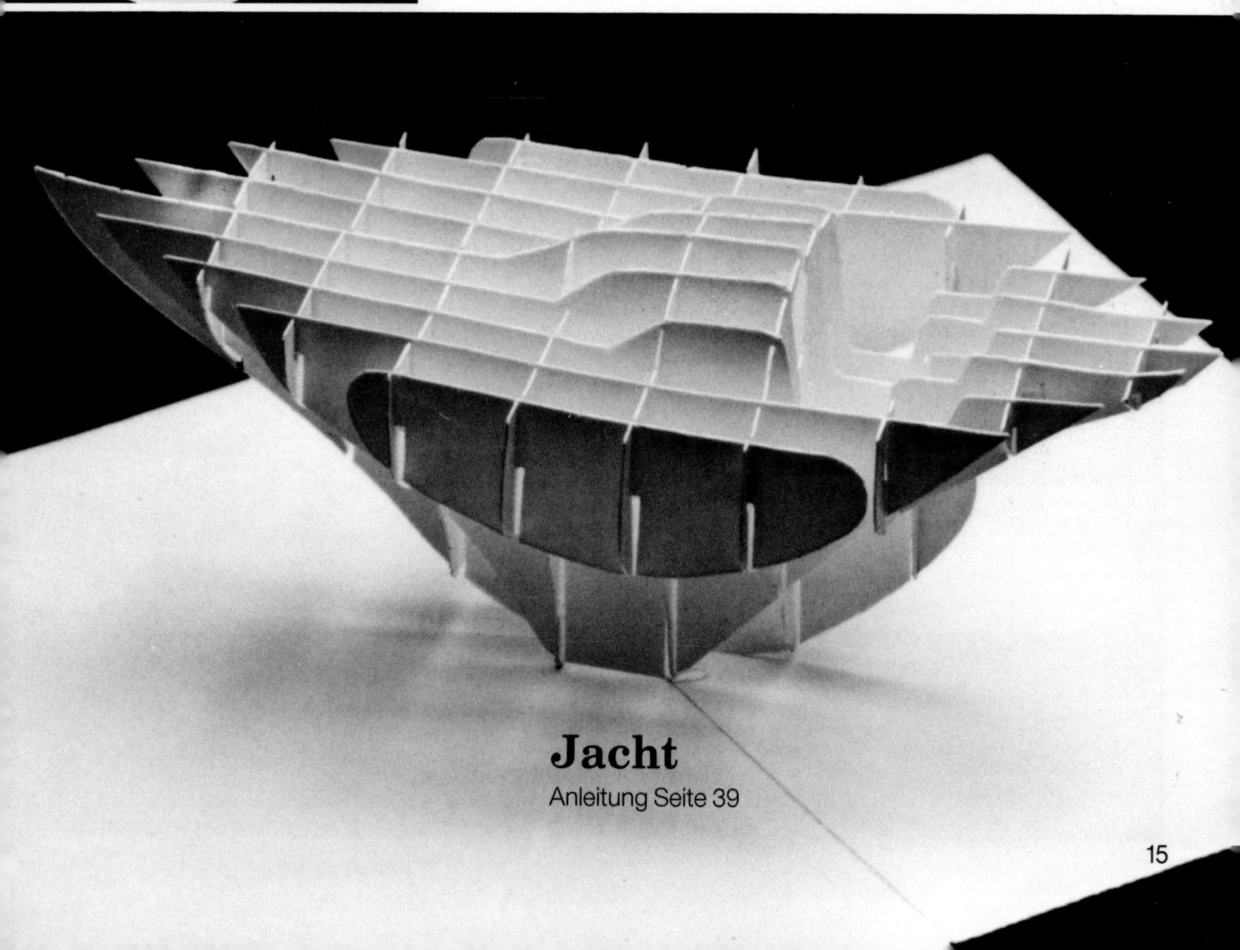

Jacht
Anleitung Seite 39

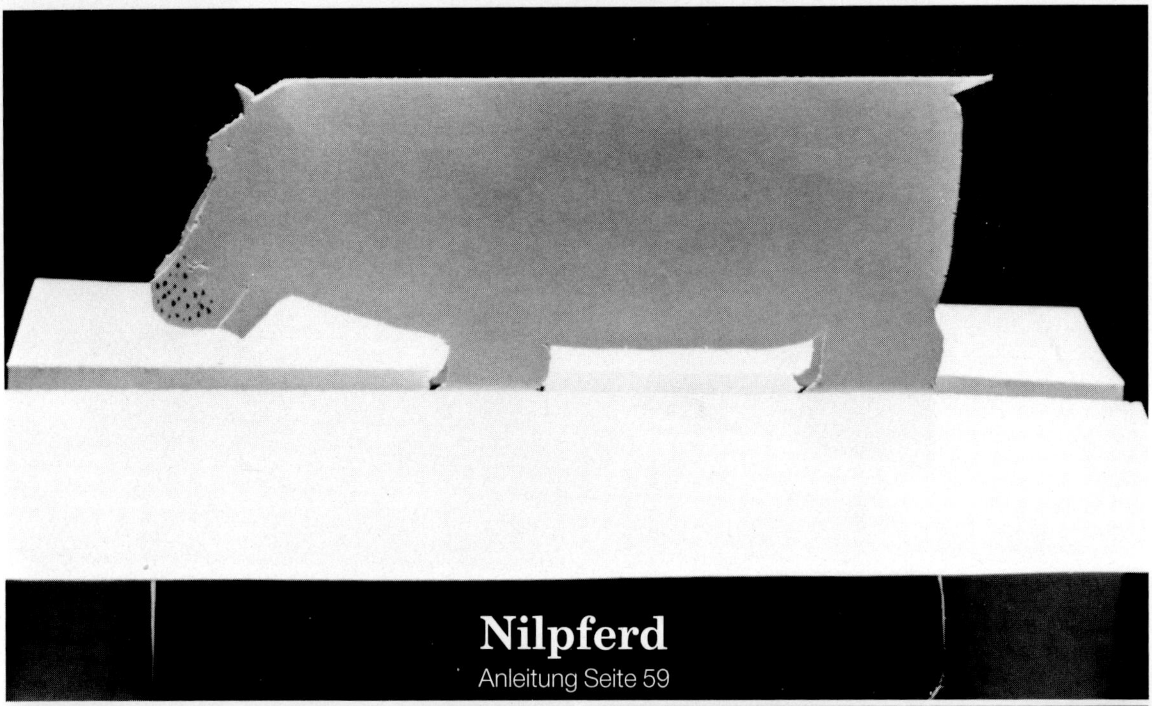

Nilpferd
Anleitung Seite 59

Lamm
Anleitung Seite 61

Wildschwein Anleitung Seite 63

Pferd
Anleitung Seite 65

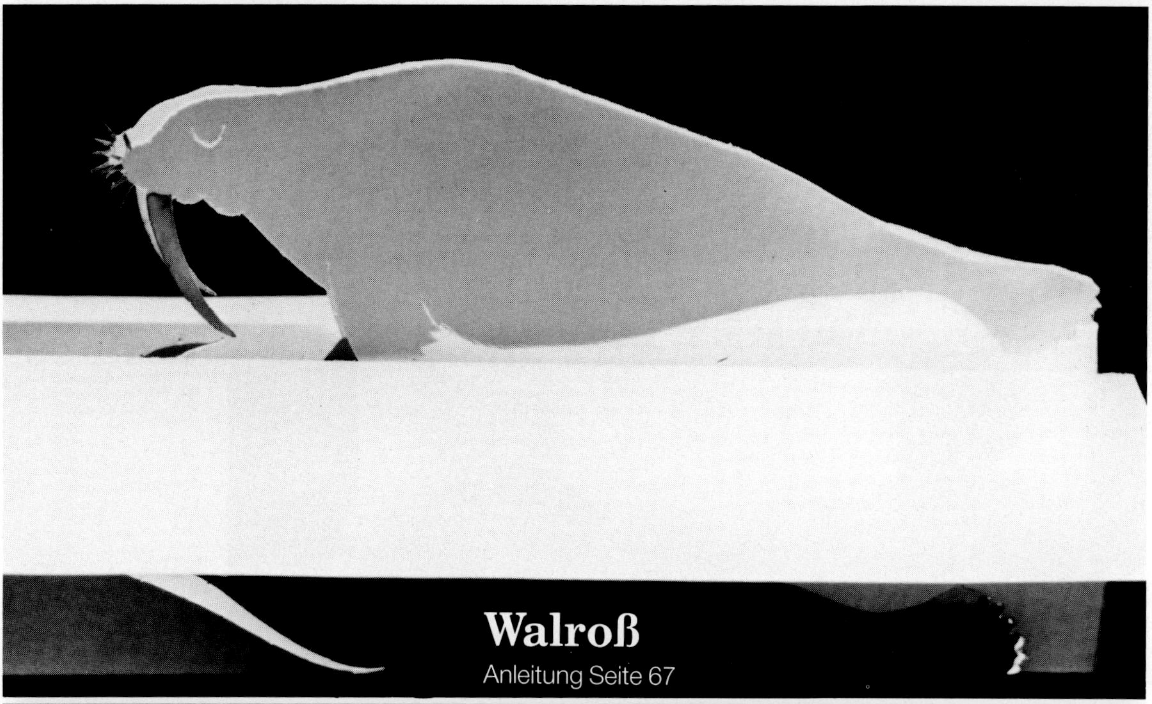

Walroß
Anleitung Seite 67

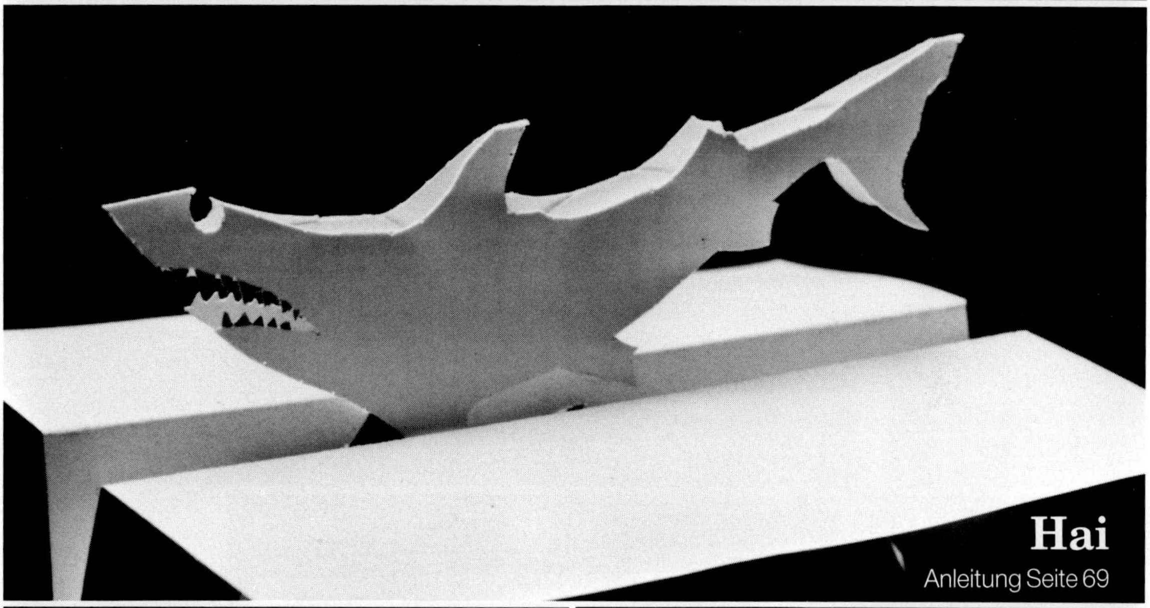

Hai
Anleitung Seite 69

Löwe Anleitung Seite 71

Kleiner Bär Anleitung Seite 73

Krabbe

Anleitung
Seite 75

Schildkröte

Anleitung Seite 77

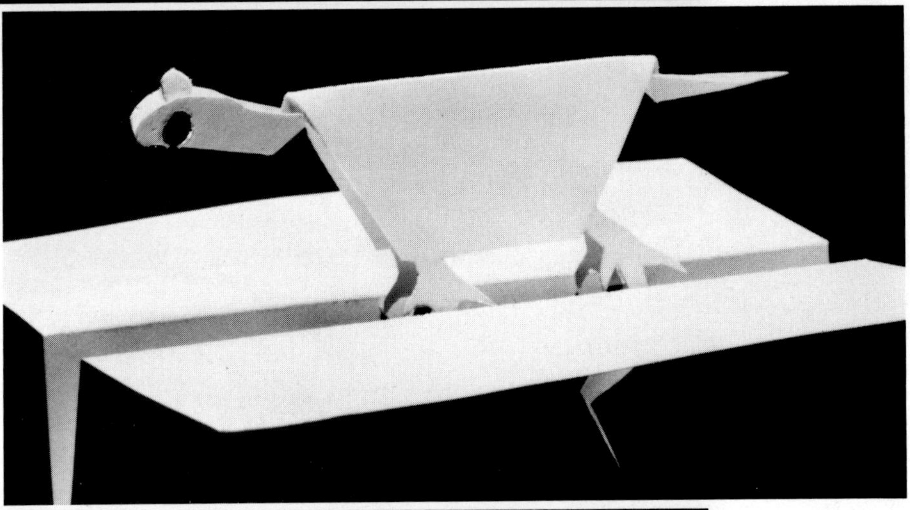

Maske

Anleitung
Seite 79 und 81

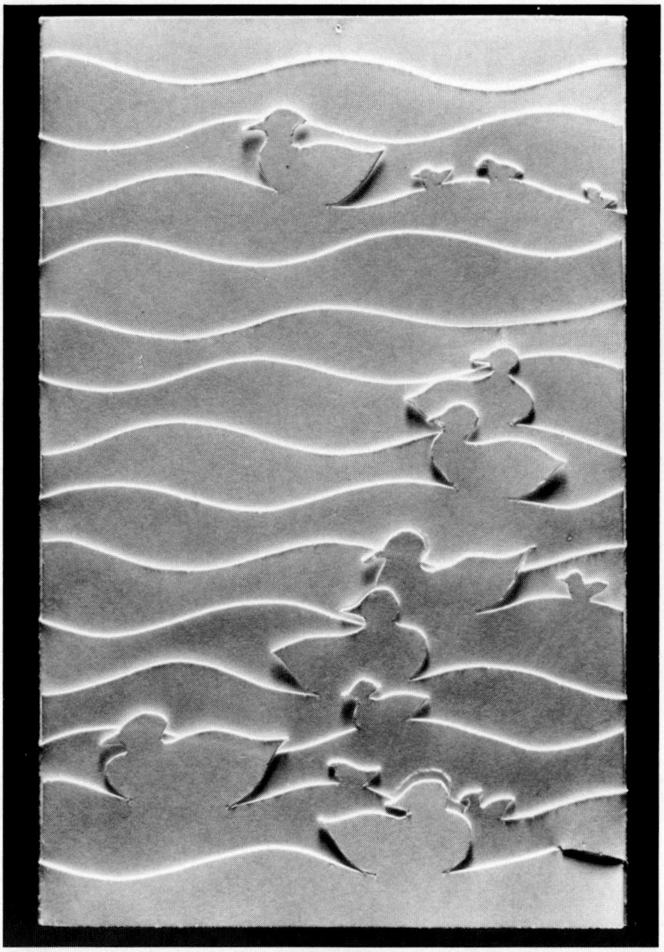

Schwimmvögel

Anleitung Seite 83

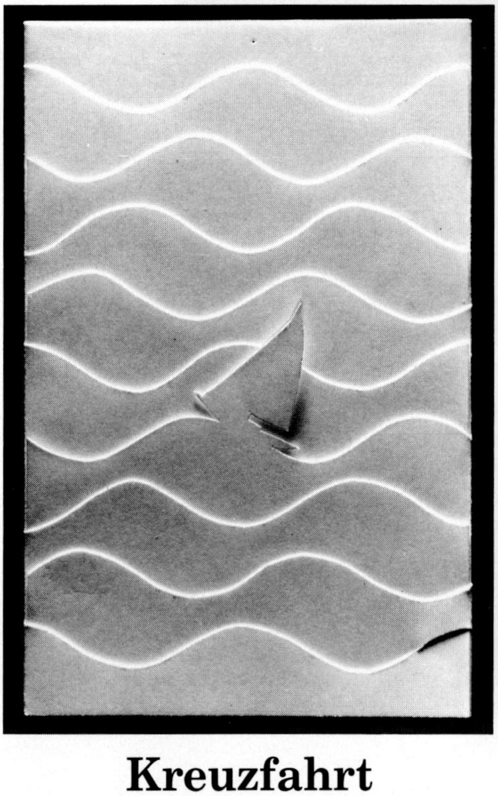

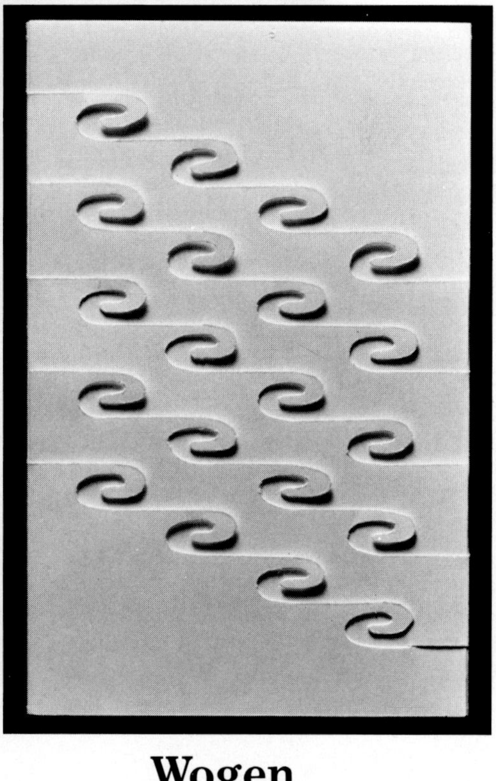

Kreuzfahrt

Anleitung Seite 85

Wogen

Anleitung Seite 87

DAS GEHEIMNIS DER KARTEN-KUNSTWERKE

Herstellung von zusammen- und aufklappbaren Karten

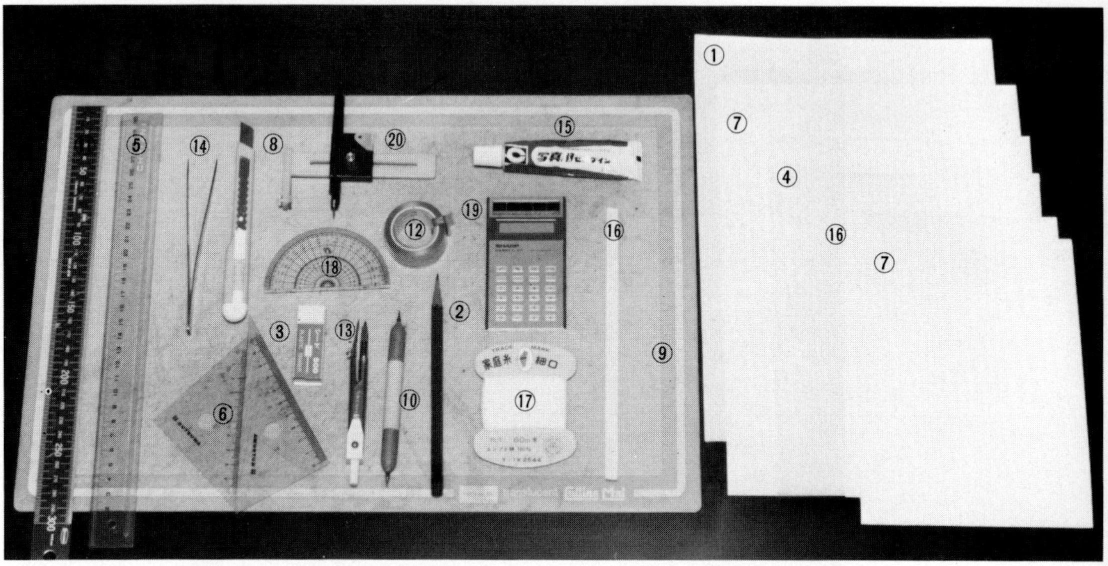

1. Material und Werkzeuge

1 Skizzenblock
2 Bleistift
3 Radiergummi
4 Transparentes (Millimeter-)Papier
5 Maßstab
6 Zeichendreieck
7 Dünner, weißer Karton
8 Papiermesser
9 Unterlage zum Papierschneiden
10 Kopierstift
11 Lineal aus Metall
12 Durchsichtiges Klebeband
13 Zirkel
14 Spitze Pinzette
15 Papierleim
16 Japanisches Reispapier/Japanseide
17 Weißes Garn
18 Transporteur
19 Taschenrechner
20 Schneidzirkel
21 Kleiner Schneidestahl

Was Sie an Material und Werkzeugen brauchen, hängt natürlich davon ab, was Sie herstellen wollen. Für die einfachen Karten genügen die im Bild von 1 bis 12 numerierten Artikel. Für 90°-Karten benötigen Sie in einigen Fällen zusätzlich die Gegenstände 13 bis 15, für die 180°-Karten 13 bis 17, in gewissen Fällen bis 20. Kaufen Sie zunächst nur das, was Sie für die einfachsten Arbeiten benötigen. Ihre wichtigsten Werkzeuge sind Ihr Kopf und Ihre Hände.

2. Einfache plastische Karten

Die in diesem Buch enthaltenen Muster können direkt verwendet werden, indem sie aus dem Buch geschnitten und den Anweisungen gemäß gefaltet und zugeschnitten werden. Sollen sie jedoch zum Wiederverwenden kopiert werden, wird weißer Karton auf eine Größe von 15 x 30 cm zugeschnitten. Das auf transparentes Papier übertragene Muster auflegen und die Falt- und Schneidelinien mit dem Kopierstift markieren. Das Muster kann auch mit einem Bleistift übertragen werden (siehe Tips Seite 4). Die Bleistiftlinien werden wieder ausradiert, nachdem das Muster ausgeschnitten ist. Den Bogen nun falten und die zugeschnittenen Streifen abwechslungsweise rechts/links von oben her übereinanderlegen. Zuletzt das Ende der letzten Welle in den dafür vorgesehenen Einschnitt bei der zweitletzten Welle stecken (Muster Seite 83–87).

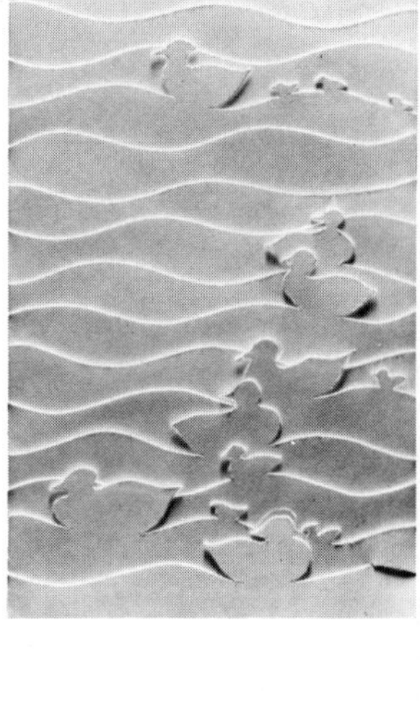

3. Um 90° aufklappbare Karten

Auch die Muster für die um 90° aufklappbaren Karten können dem Buch entnommen werden. Wenn sie jedoch kopiert werden, wird weißer Karton für die Kartenbasis auf die Größe von 15 x 20 cm zugeschnitten. Dann das Muster vom Buch auf Millimeterpapier übertragen, dieses auf die Kartenbasis (wie in Abb. 1 dargestellt) legen und die Schneidelinien mit dem dünnen Kopierstift (Abb. 2) übertragen. Die notwendigen Schnitte anbringen (Abb. 3), die Faltlinien mit dem Kopierstift übertragen und falten. Ein anderes Verfahren zum Schneiden besteht darin, daß das Muster (auf dem Millimeterpapier) auf die Kartenbasis gelegt und beide zusammen mit dem Papiermesser geschnitten werden. Zuerst die längsten Linien um die Kanten herum und dann nach und nach alle Linien falten.

①

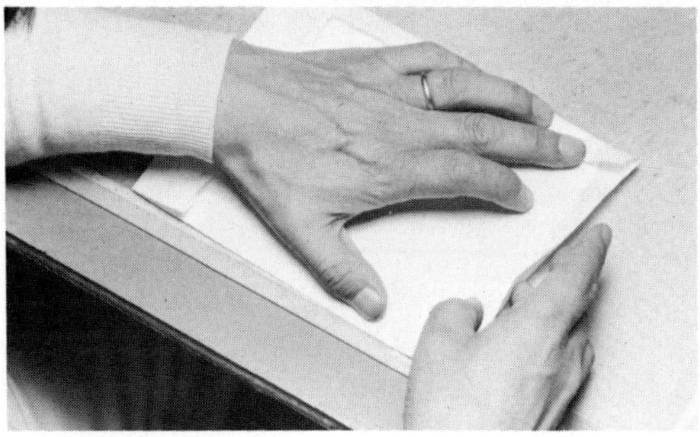

②

③

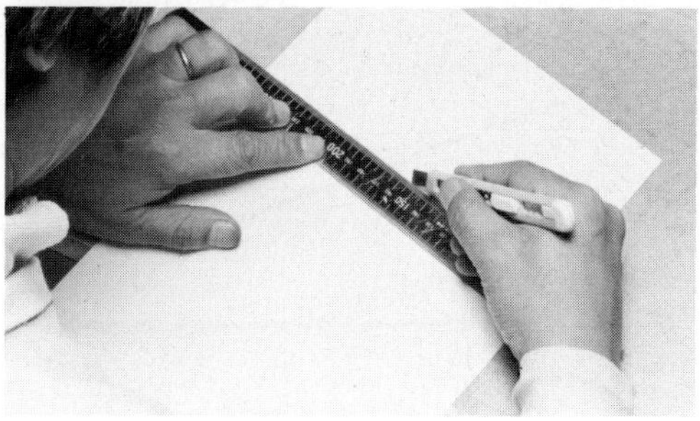

4. Die Basis für 180°-Karten

1. Aus weißem Karton zwei Basisflächen von 15 x 10 cm ausschneiden. Aus Reispapier einen Streifen von 15 x 1,5 cm ausschneiden und mit Leim bestreichen.

2. Die eine Basisfläche auf die eine Hälfte des Reispapier-Streifens legen.

3. Die andere Basisfläche auf die andere Hälfte des Reispapier-Streifens legen.

4. Die gesamte Kartenbasis in der Mitte falten, bevor der Leim ganz trocken wird. Reispapier ist in feuchtem Zustand sehr geschmeidig und dehnbar.

①

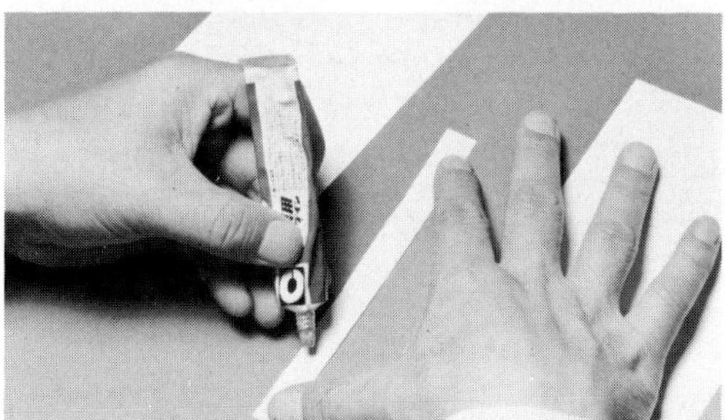

②

③

④

5. Schrittweise Anleitung zur Herstellung von 180°-Karten

A: Zelt (Bild Seite 11)

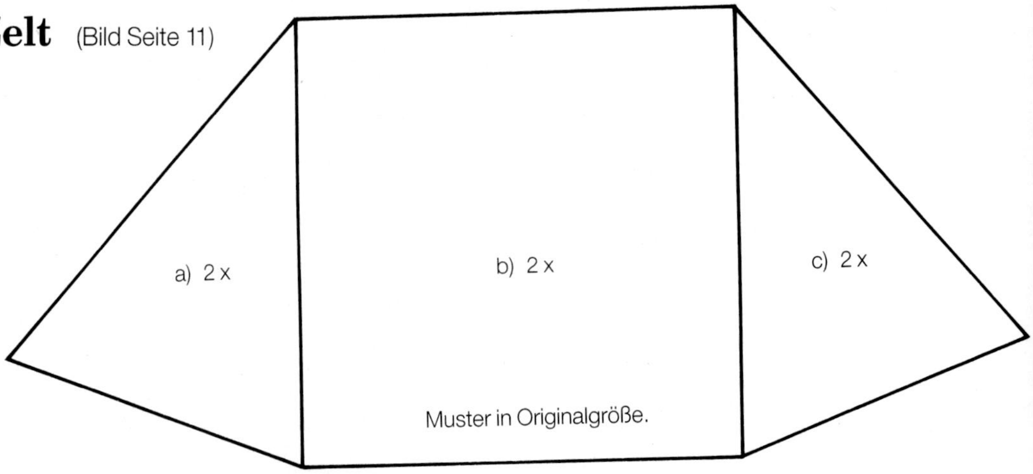

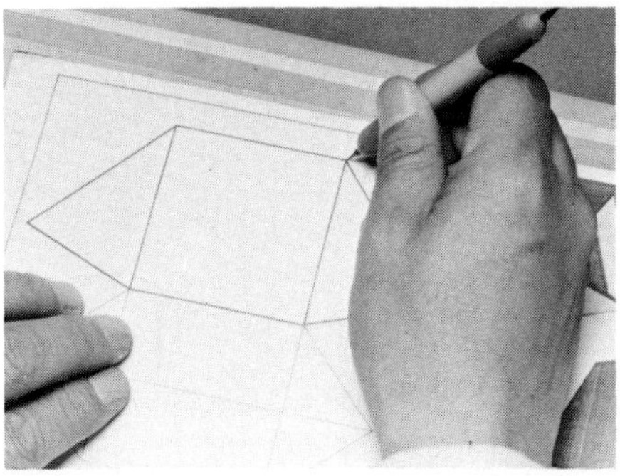

①

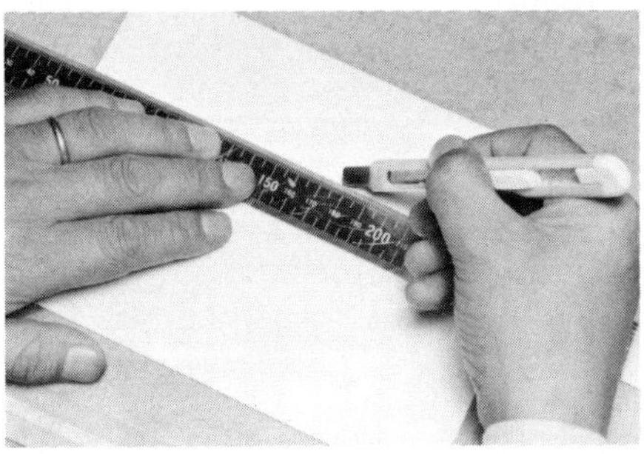

②

③

1. Das auf Millimeterpapier übertragene Muster auf weißen Karton legen und die Ecken mit dem Kopierstift markieren.
2. Die Teile mit dem Metallineal und Papiermesser ausschneiden.
3. Von jedem Teil die angegebene Stückzahl ausschneiden.
4., 5. Reispapier in kleine Stücke schneiden und Papierleim auftragen. Am besten nimmt man dabei die Pinzette zu Hilfe. Die Abb. S. 23 oben zeigt, wie die einzelnen Teile des Zeltes zusammengehören.

④

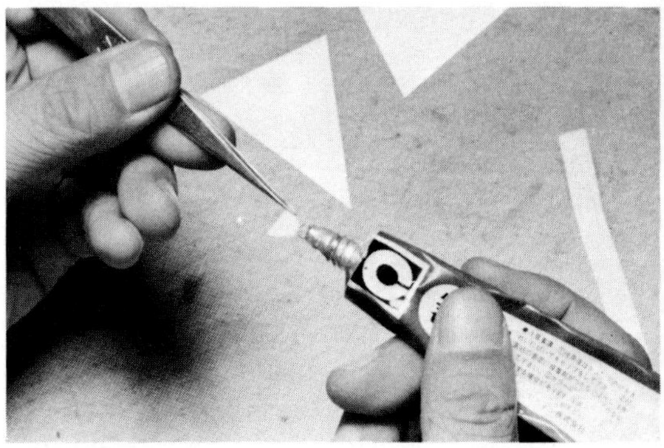

⑤

6. Bevor alle Teile zusammengefügt werden, an den vier Ecken ein Stück Garnfaden aufkleben.
7. Die Fadenenden mit Papierleim und Reispapier fixieren.
8. Nun die restlichen Teile zusammenkleben.
9. Abb. 9 zeigt das fertige Zelt.
10. Das Muster auf die Kartenbasis legen und die vier Löcher mit dem Kopierstift markieren.
11. Die vier Fadenenden durch die Löcher der Kartenbasis führen.

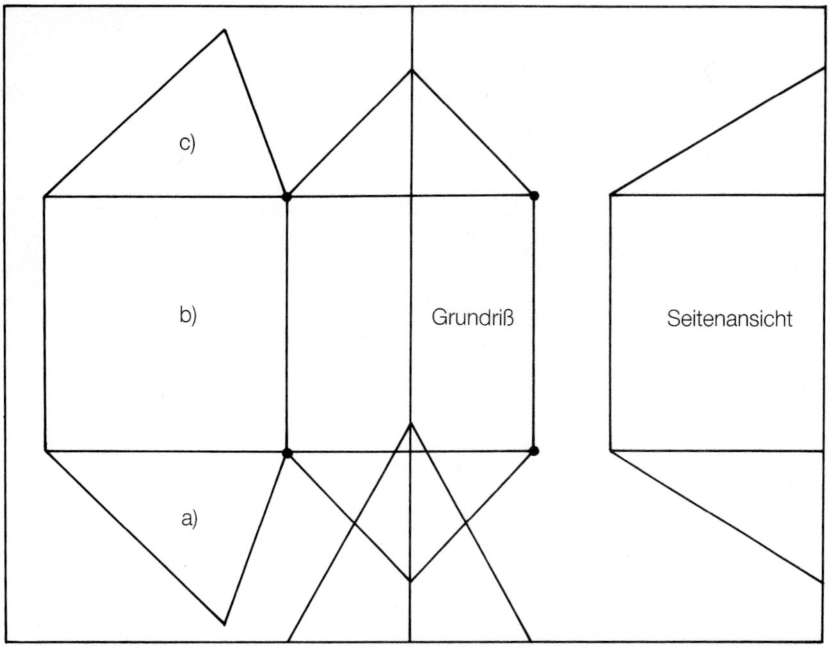

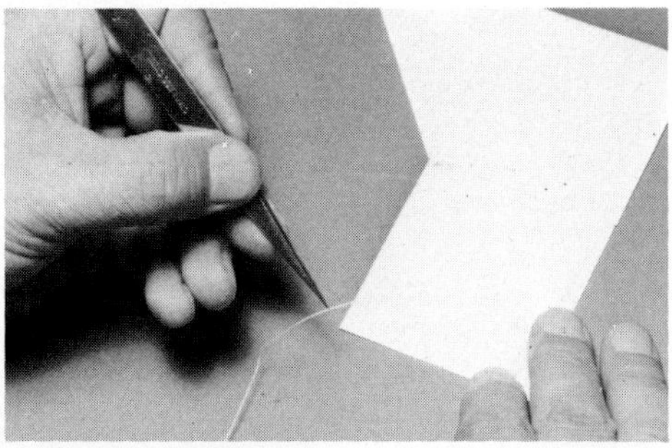
⑥

⑦

⑧

⑨

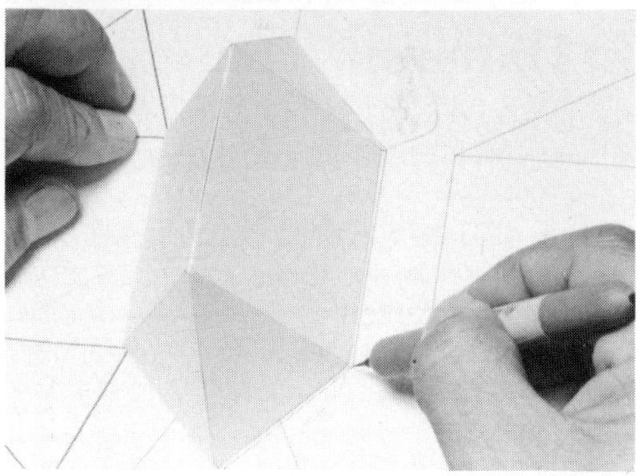
⑩

⑪

12. Kartenbasis falten, das Zelt ist flach. Faden gut anziehen.
13. Die Fadenenden provisorisch mit Klebstreifen fixieren. Die Kartenbasis wieder aufklappen und überprüfen, ob das Zelt richtig steht.
14. Die Fadenenden mit einem Stückchen Reispapier endgültig festkleben.
15. Die Fadenenden abschneiden und die Klebstreifen entfernen. 16. Abb. 16 zeigt die fertige Karte. Kartenbasis verdoppeln, damit die Fäden verdeckt sind.

⑫

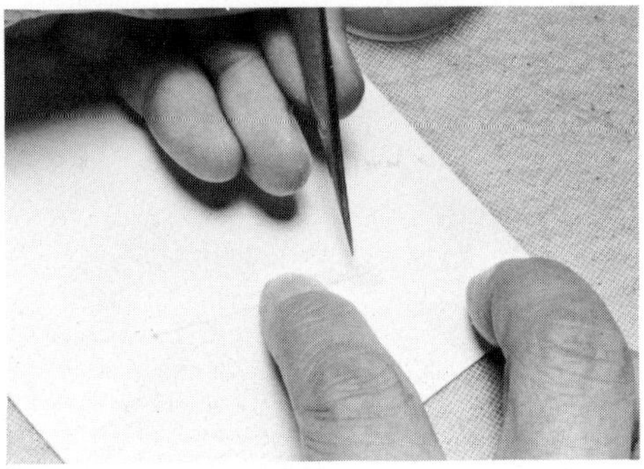
⑬

⑭

⑮
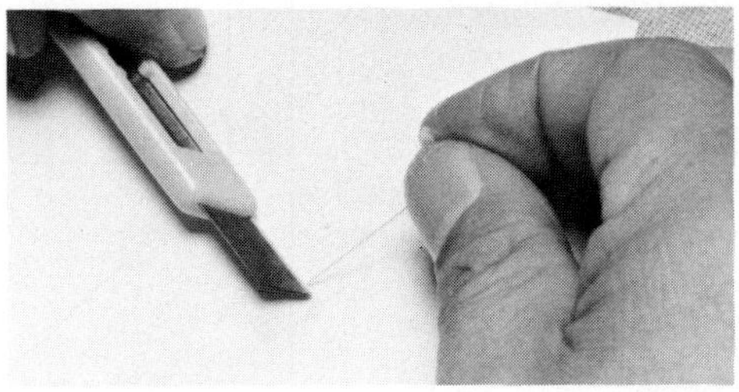

⑯

B: Diamant (Bild Seite 9)

1. Mit Hilfe der Muster auf der folgenden Seite die erforderliche Anzahl Teile ausschneiden (10 Stück). Keine Teile vergessen!
2. Nun die Teile zusammensetzen. Mit den beiden größten Teilen (a) und (b) beginnen; sie ergeben die Mitte des Diamanten.
3. Abb. 3 zeigt, wie Teil (c) (2 x) mit (a) und (b) zusammenzufügen ist. Teil (d) (2 x) wird auf die gleiche Weise eingesetzt.

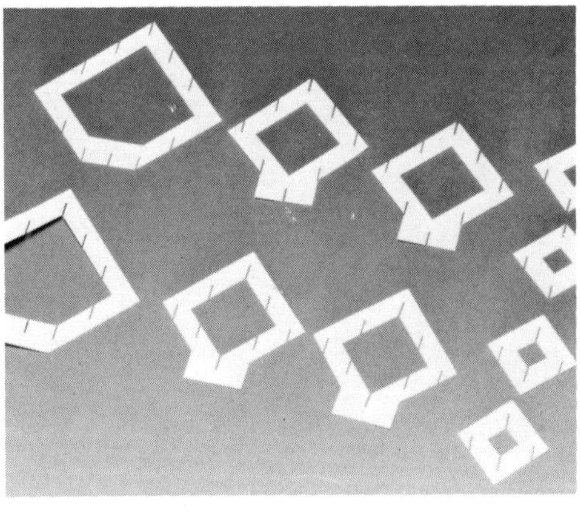
①

4. Abb. 4 zeigt, wie Teil (e) (2 x) eingefügt werden muß. Teil (f) (2 x) wird gleich eingesetzt.
5. Der Diamant ist fertig.

②

③

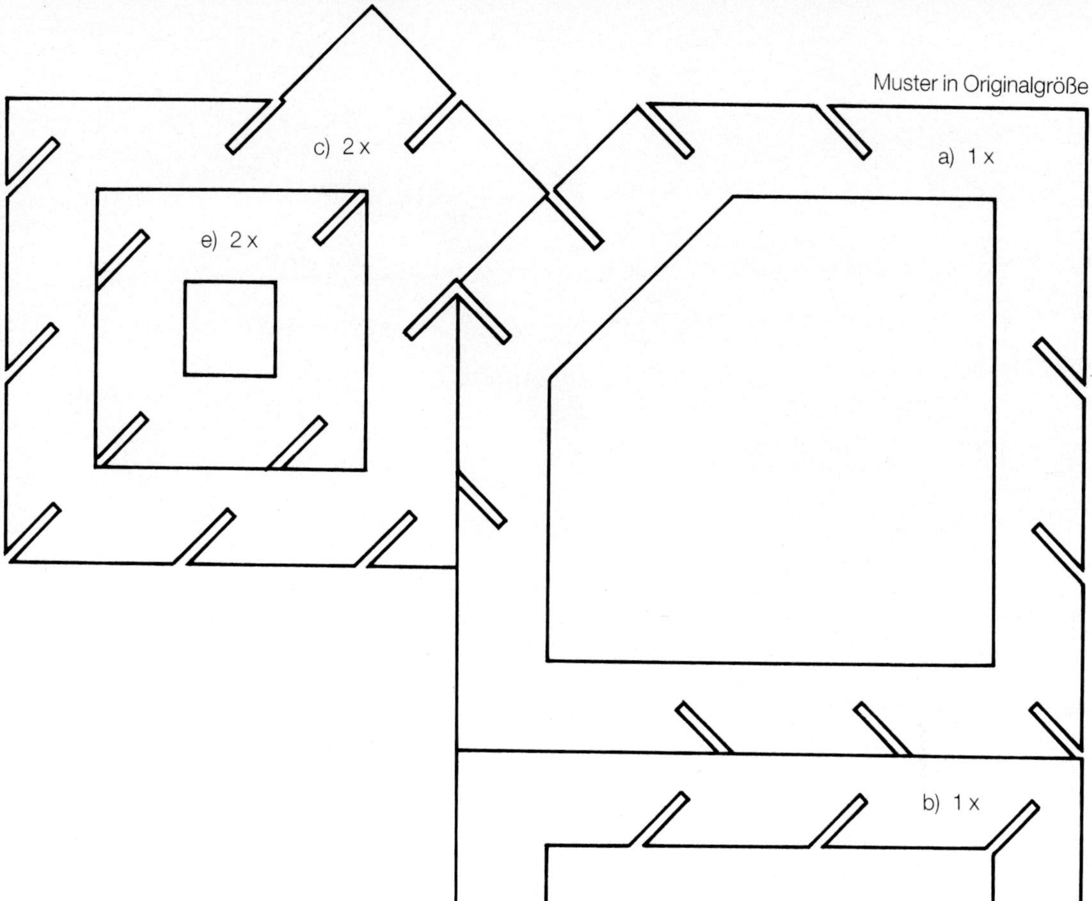

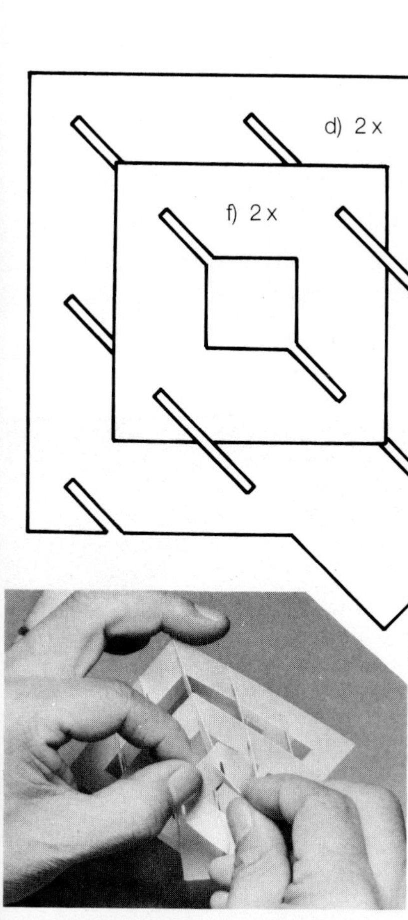
④

⑤
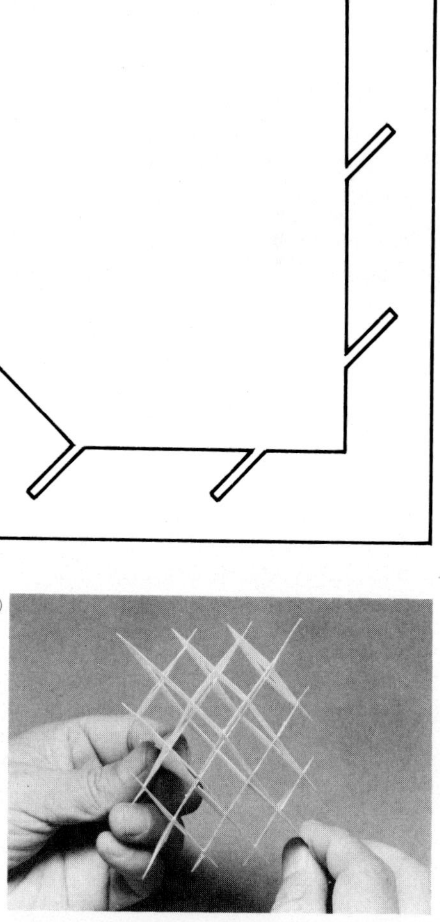

⑥

⑦

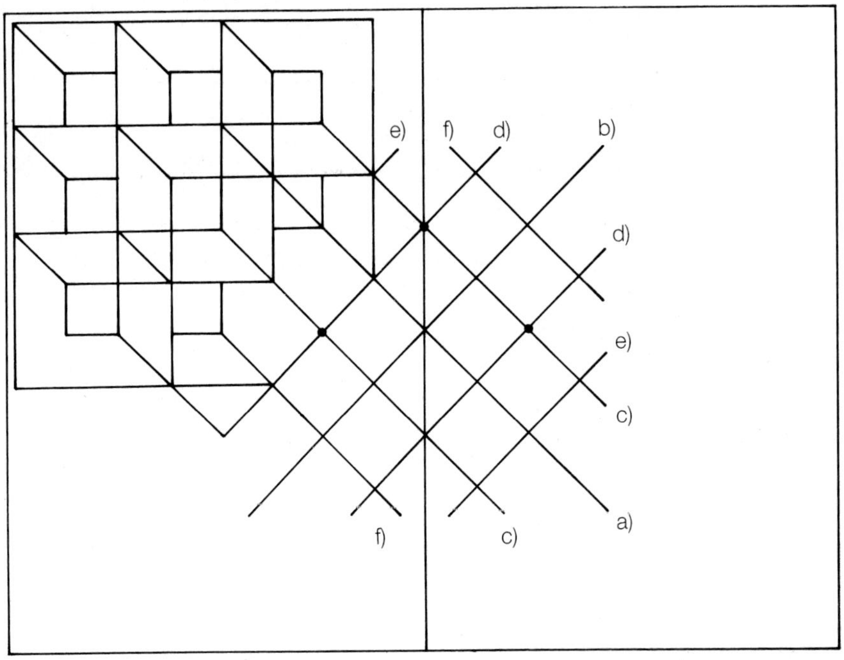

6. Kontrollieren, ob alle Teile richtig zusammengesetzt sind.
7. An den im Diagramm auf der Kartenbasis mit Punkten angegebenen drei Stellen Garnfaden befestigen und den Diamanten fixieren, wie beim Zelt (Seite 23–24) unter den Punkten 10 bis 16 beschrieben.
Bei einigen der 180°-Karten wird auch die Rückseite der aufgeklappten Figur zu sehen sein. In diesen Fällen werden Fugen und Fadenenden mit kleinen Stückchen Reispapier abgedeckt.

ANLEITUNGEN UND MUSTER FÜR 180°-KARTEN

(Detaillierte Angaben Seite 22–26)

Dreistöckige Pagode (Bild S. 5)

Die insgesamt 30 Teile nach den Mustern (a) bis (j) ausschneiden. Entsprechend dem Diagramm auf der folgenden Seite zunächst die Teile (j) zusammenfügen, danach die Teile (i), (h), (g), (e) und (f). Dazu werden kleine Stückchen Reispapier verwendet. Es ist schwierig, alle vier Seiten gleichzeitig zusammenzufügen, deshalb geht man schrittweise vor, indem zuerst je zwei Hälften zusammengeklebt und dann die beiden Hälften zusammengefügt werden.

Es empfiehlt sich, zuerst mit einfacheren Karten einige Erfahrungen zu sammeln, bevor man sich an die Pagode heranwagt.

Muster in Originalgröße.

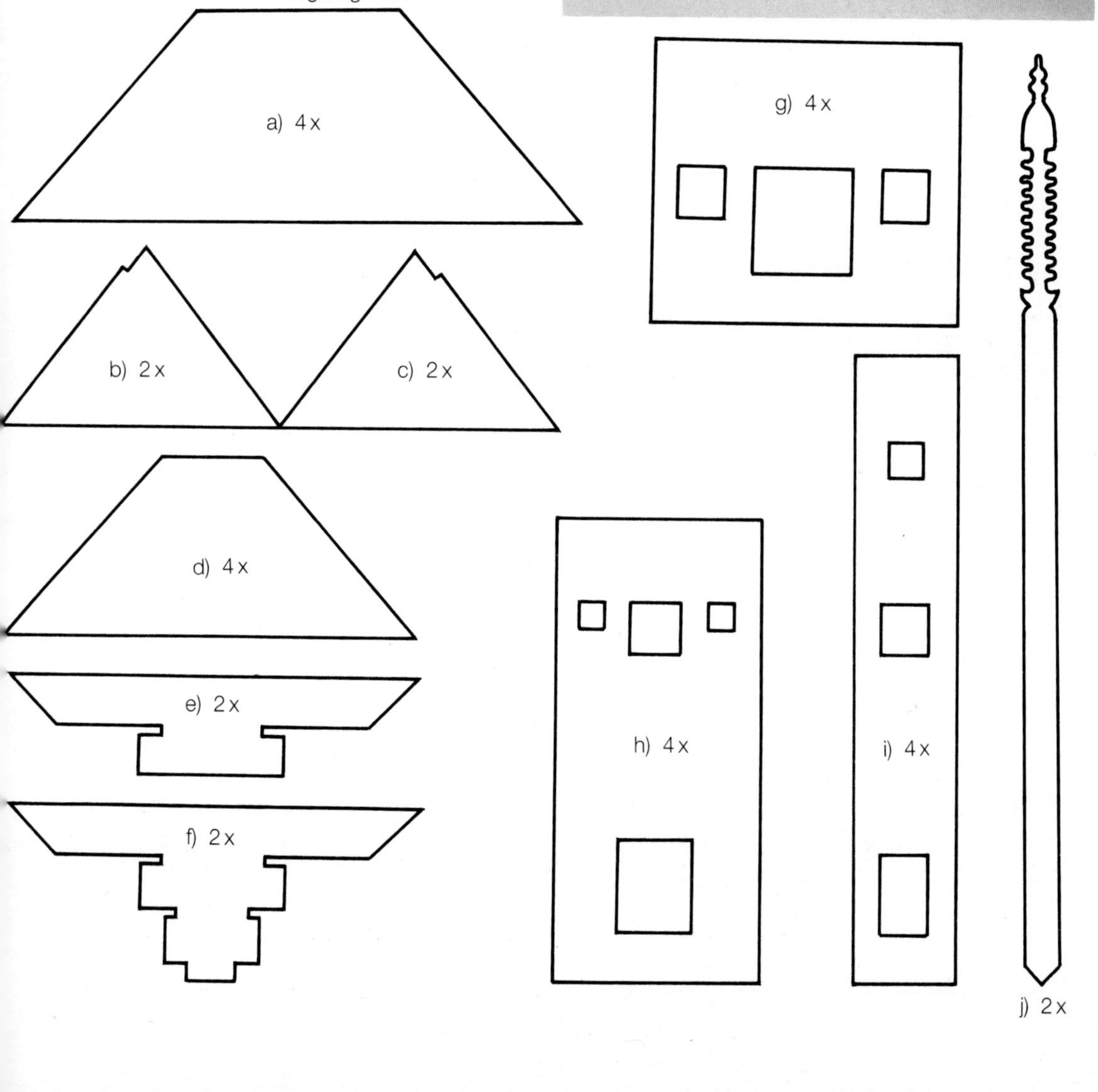

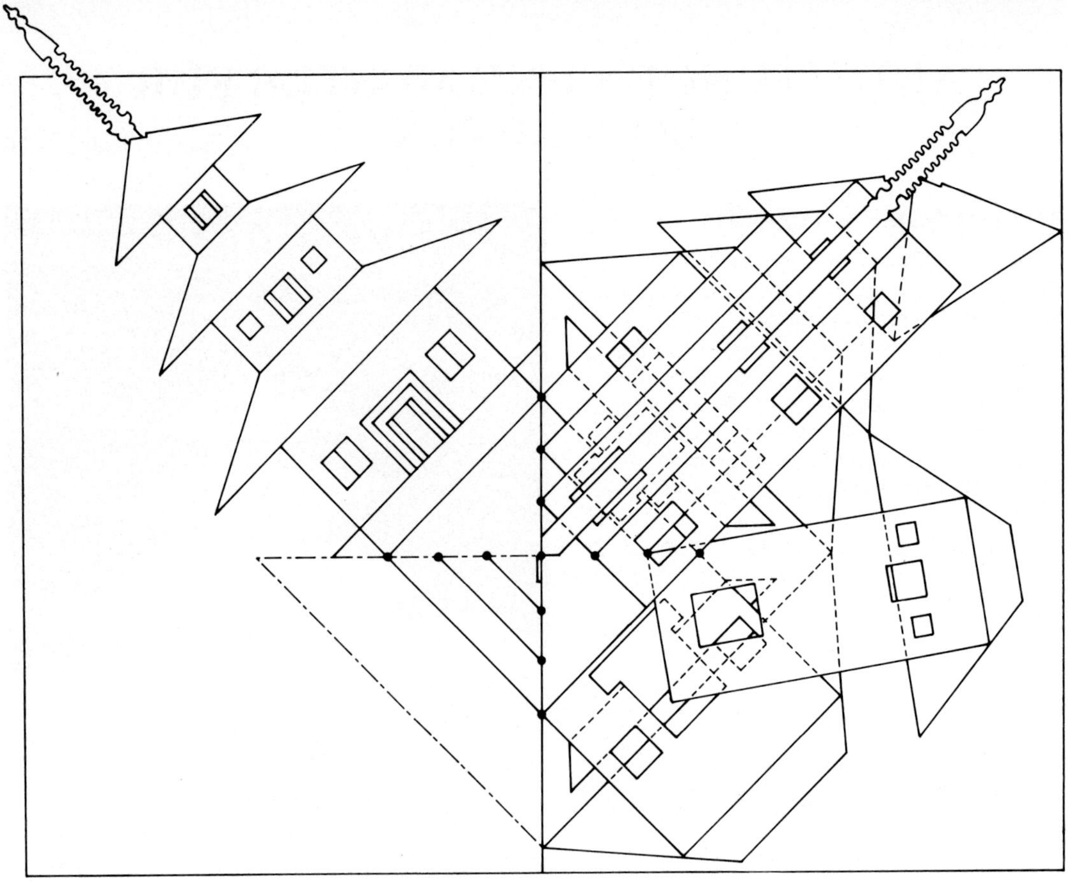

Das heilige Feuer (Bild Seite 6)

Die insgesamt 16 Teile aus weißem Karton ausschneiden (8 Teile je 2 x). Je zwei Teile wie folgt zusammenfügen: (a) und (c), (b) und (d), (c) und (e), (d) und (f), (e) und (g), (f) und (h) (siehe Seite 24, Diamant).

Die Muster sind im Maßstab 7:10 abgebildet.

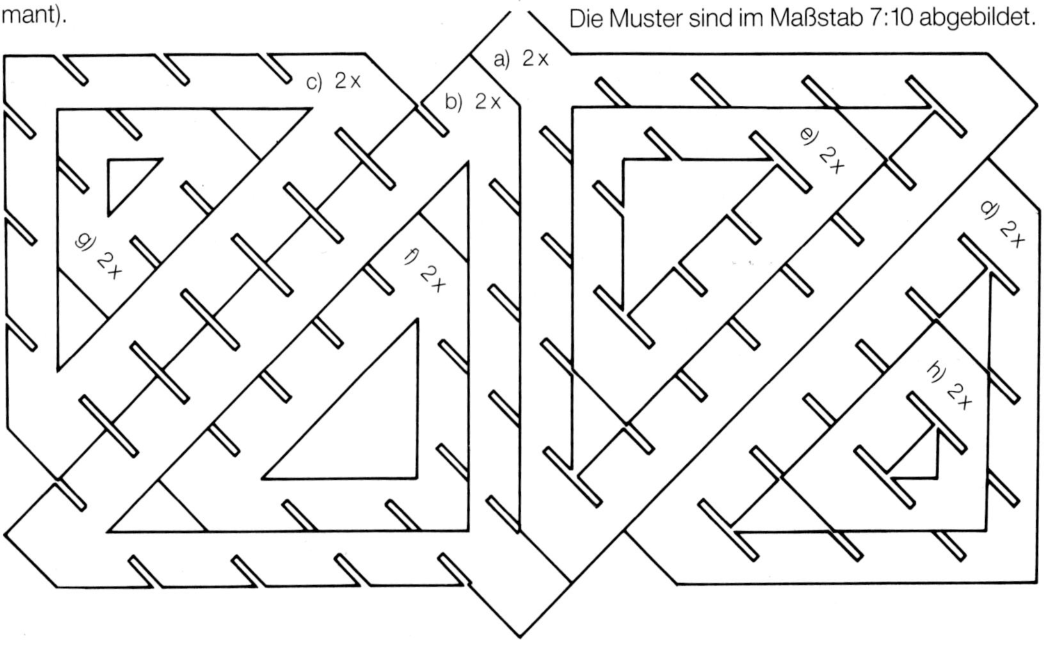

Wenn alle Teile zusammengefügt sind, den unten entstandenen Würfel mit Reispapier zusammenkleben. Garnfaden an den vier Ecken des Würfels fixieren und die Fadenenden durch die im Diagramm mit Punkten bezeichneten Löcher in der Kartenbasis führen.

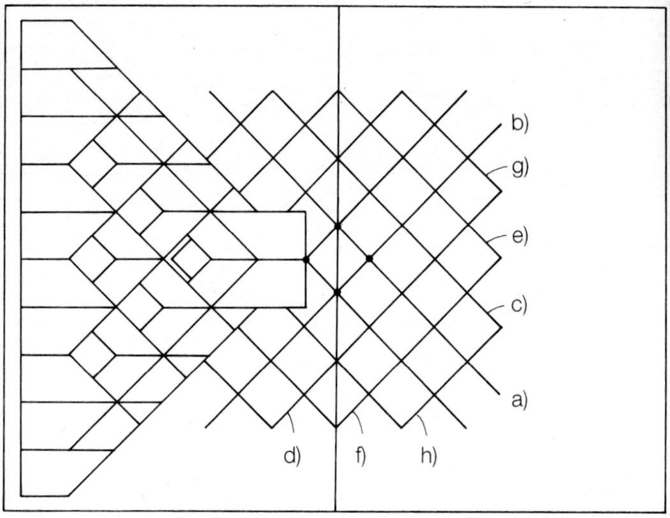

Palast auf dem Meeresgrund

(Bild Seite 6)

Nach den abgebildeten 15 Mustern insgesamt 30 Teile ausschneiden. Diese gemäß dem Diagramm auf der folgenden Seite zusammensetzen, wobei mit den größten begonnen wird. Die Muster sind im Maßstab 7:10 abgebildet (siehe Das heilige Feuer, Seite 28/29).

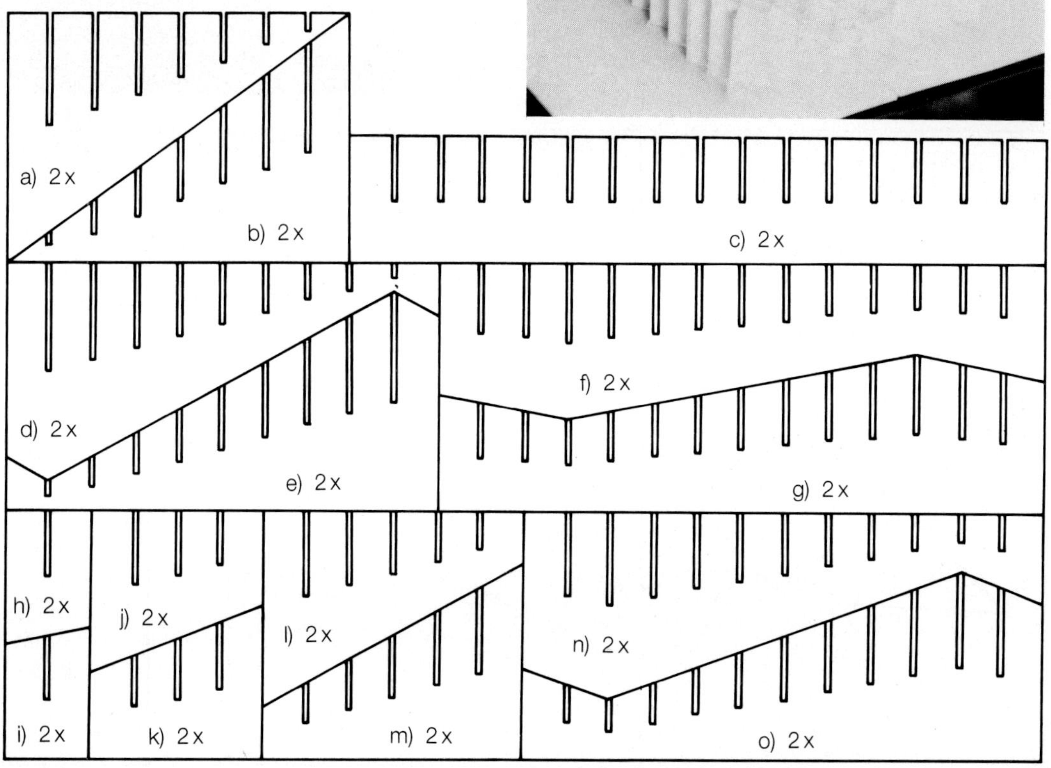

Die Teile zusammensetzen und dann kleine Stückchen Reispapier auf die Ecken der Rückseite kleben. Fäden an den beiden längsten Teilen befestigen und die Fadenenden durch die im Diagramm mit Punkten bezeichneten Löcher in der Kartenbasis führen.

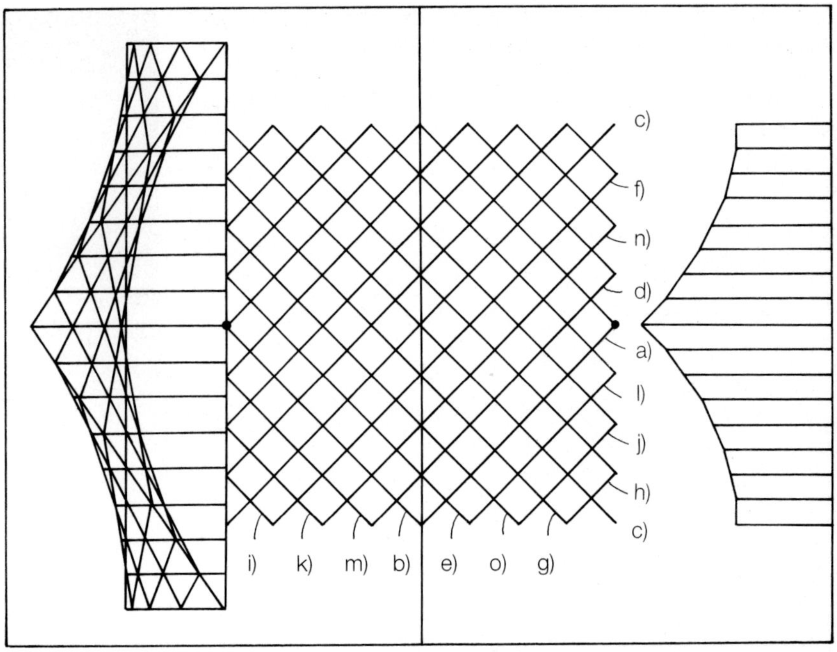

Japanischer Tempel (Bild S. 12)

Nach den untenstehenden Mustern je 8 Mal die Teile (a) und (b) ausschneiden. Die Teile mit kleinen Stückchen Reispapier zusammenfügen, die auf der Rückseite der einzelnen Bestandteile aufgeklebt werden. Die mit (A) bezeichneten Kanten dürfen nicht zusammengeklebt werden. Den Tempel nun mit Faden auf der Kartenbasis befestigen.

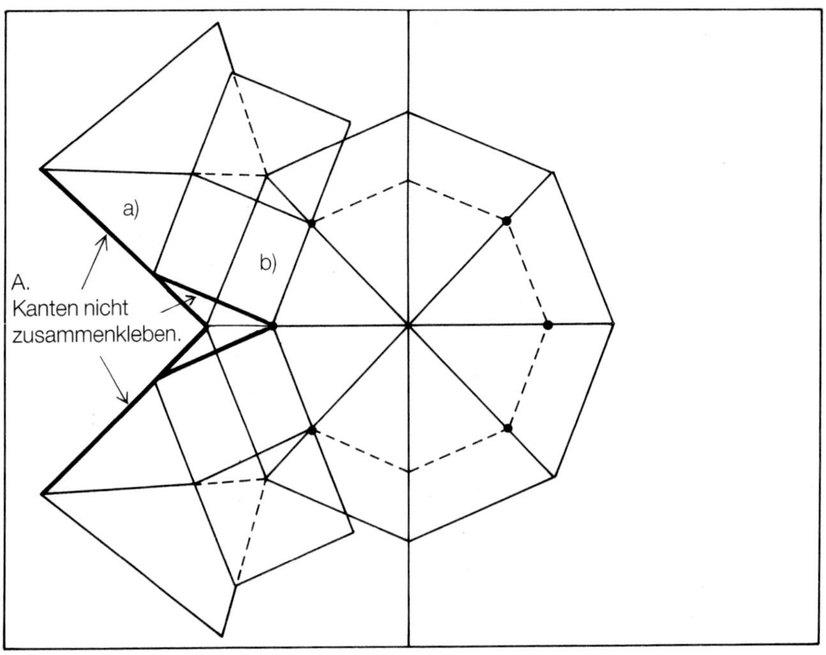

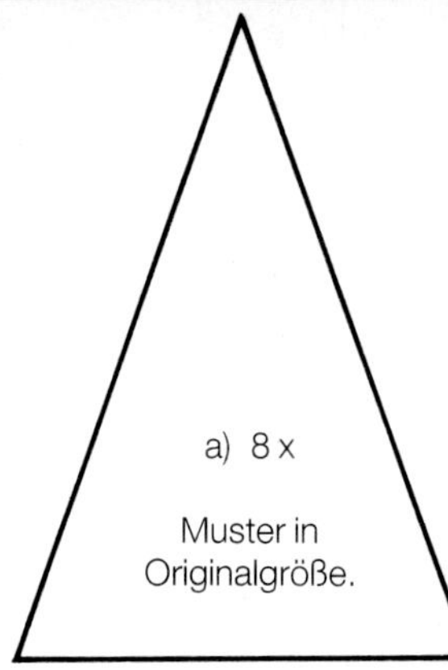

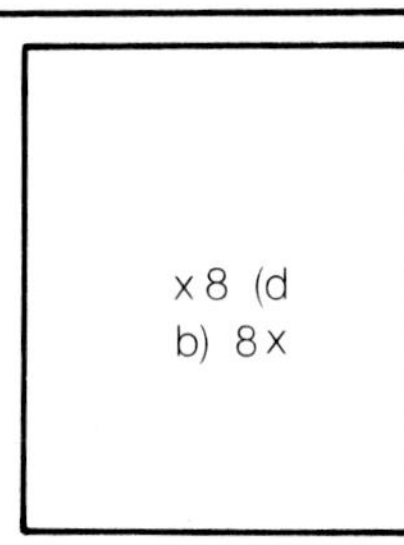

Der weiße Geist (Bild Seite 7)

Pate zu diesem weißen Geist standen ein japanisches Volksmärchen von einem Dachs mit einer langen Zunge und ein zweites Märchen von einem riesigen Ungeheuer.
Nach den untenstehenden 5 Mustern insgesamt 9 Teile ausschneiden und entsprechend dem Diagramm rechts zusammenfügen. Die Teile (b) und (c) oben mit Reispapier zusammenfügen und (a) auf (b) kleben. Den fertig zusammengesetzten Geist mit Fäden an den im Diagramm mit Punkten bezeichneten Stellen auf der Kartenbasis befestigen.

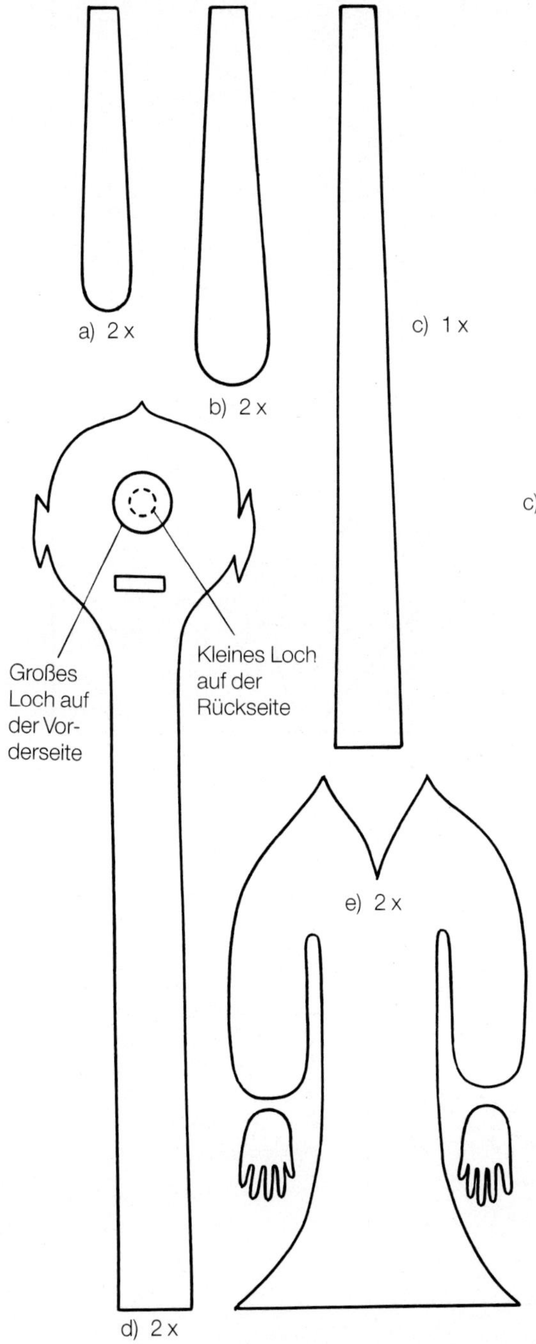

Muster in Originalgröße.

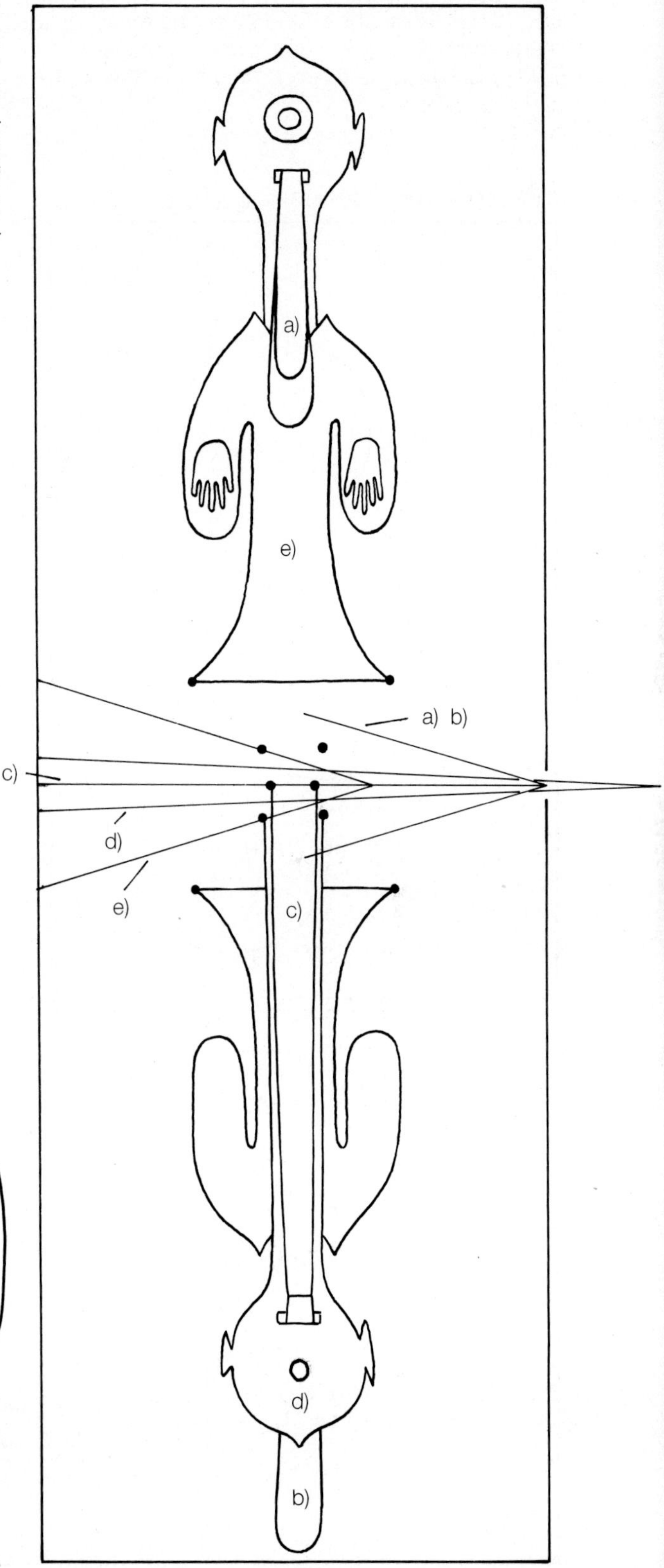

Seerose (Bild Seite 7)

Nach den untenstehenden 9 Mustern insgesamt 18 Teile ausschneiden. Die Teile (a) und (b) sowie (c) und (d) mit Reispapier zu je zwei Paaren zusammenkleben. (b) und (c) nicht zusammenfügen. Die Teile (g) und (f) sowie (h) und (i) in gleicher Weise zusammenkleben.

Die Muster sind im Maßstab 7:10 abgebildet.

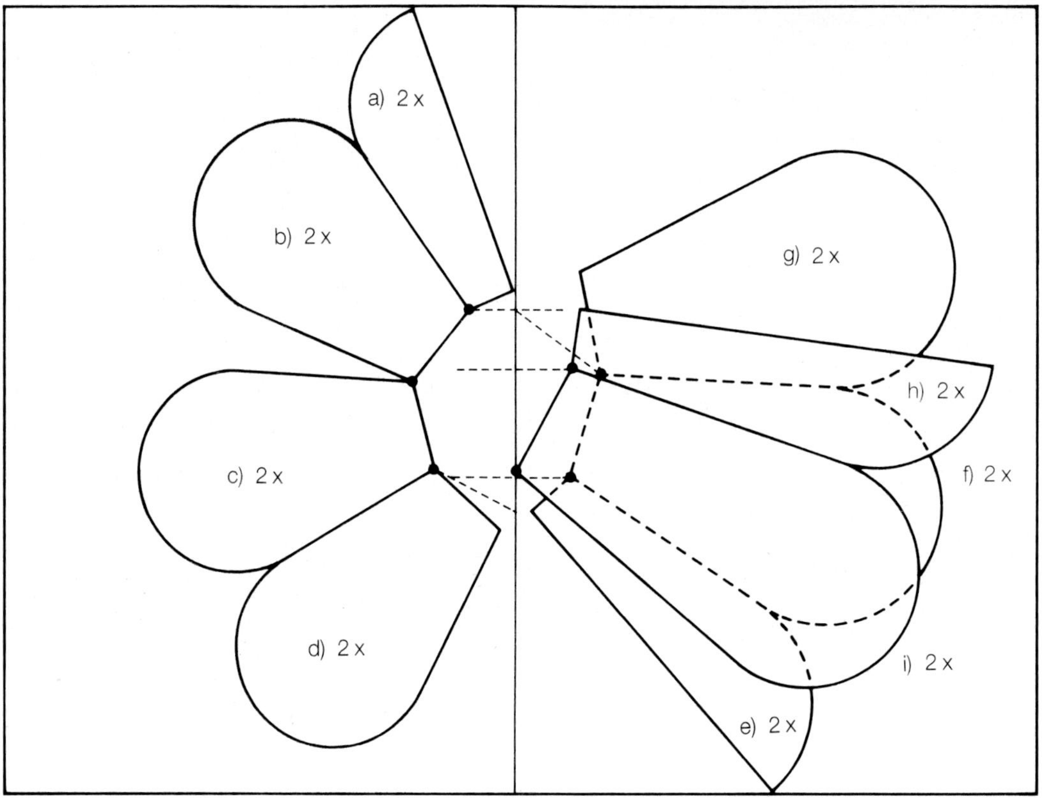

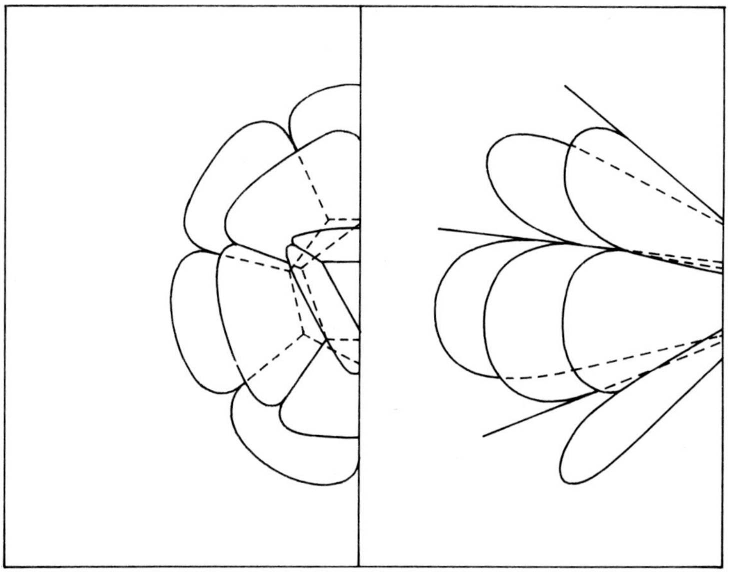

Die fertige Blume mit Fäden an den im Diagramm mit Punkten gekennzeichneten Stellen auf der Kartenbasis befestigen. Einen weiteren Satz Teile ausschneiden und von innen her aufkleben, um die Klebestellen zu verdecken.

Wetterhahn (Bild Seite 8)

Nach den untenstehenden Mustern je 1 Teil ausschneiden. Es ist ratsam, die Teile (a) und (b) zur Verstärkung zu verdoppeln.

Die Muster sind im Maßstab 7:10 abgebildet.

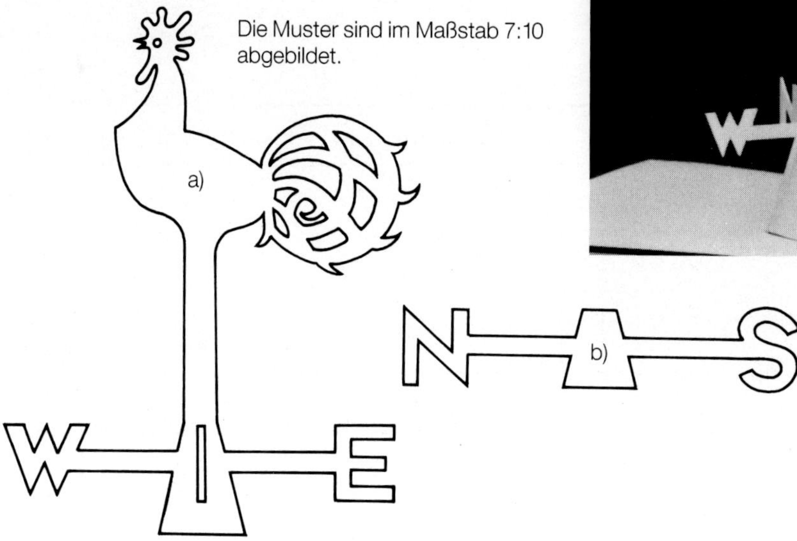

Die Teile gemäß dem Diagramm zusammensetzen. Die Teile (c), (d), (e) und (f) mit Reispapier auf der Innenseite zusammenkleben. Den fertigen Wetterhahn mit Fäden an den im Diagramm mit Punkten gekennzeichneten Stellen auf der Kartenbasis befestigen.

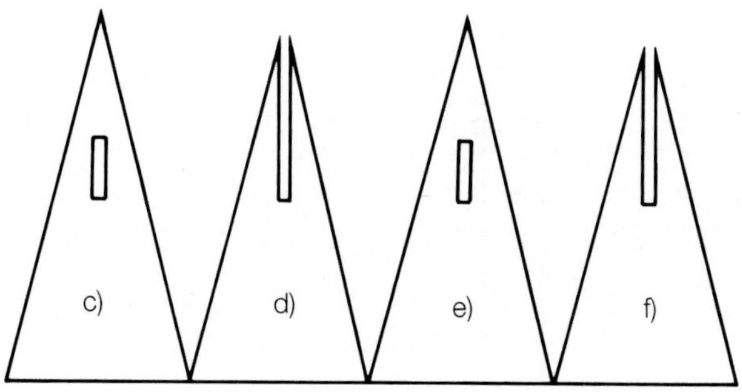

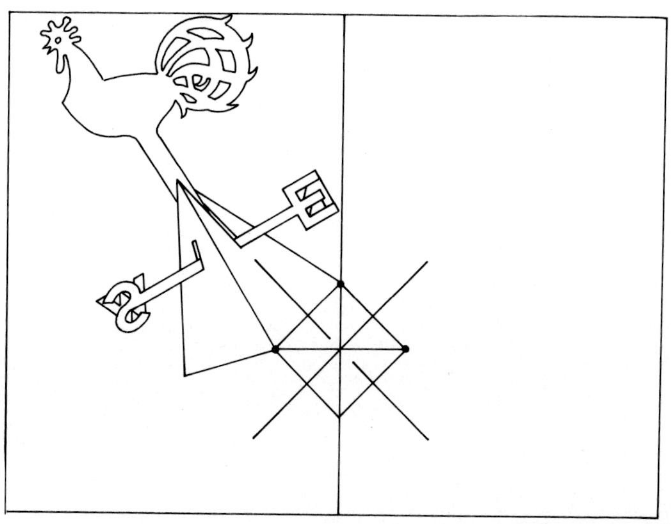

Glaspalast (Bild Seite 9)

Nach den untenstehenden 8 Mustern insgesamt 14 Teile ausschneiden und entsprechend dem Diagramm zusammenfügen. Die Teile (g) und (h) auf der Rückseite mit Reispapier zusammenkleben. Den fertigen Glaspalast mit Fäden an den im Diagramm mit Punkten gekennzeichneten Stellen auf der Kartenbasis befestigen.

Die Muster sind im Maßstab 7:10 abgebildet.

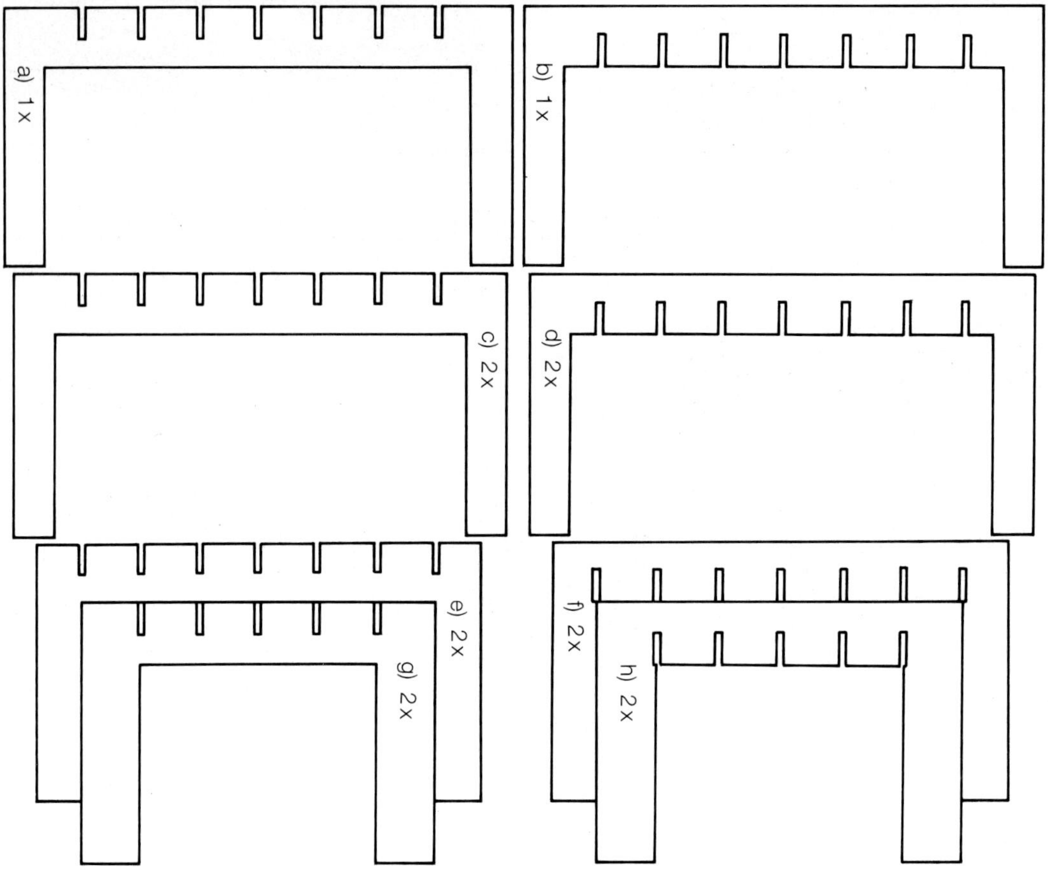

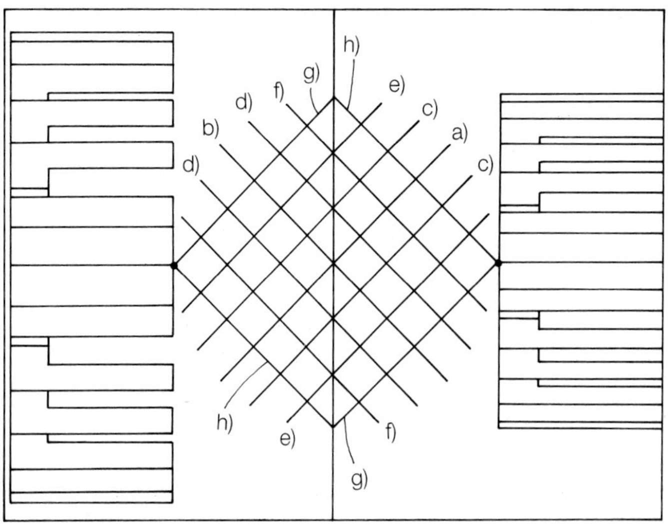

Der Turm von Babel

(Bild Seite 10)

Die 14 Teile nach den untenstehenden Mustern ausschneiden. Gemäß Diagramm jeweils nur folgende Teile mit Reispapier zusammenkleben:

(a) und (b), (c) und (d), (e) und (f), (g) und (h), (i) und (j), (k) und (l), (m) und (n).

Den fertigen Turm mit Fäden an den im Diagramm mit Punkten gekennzeichneten Stellen auf der Kartenbasis befestigen.

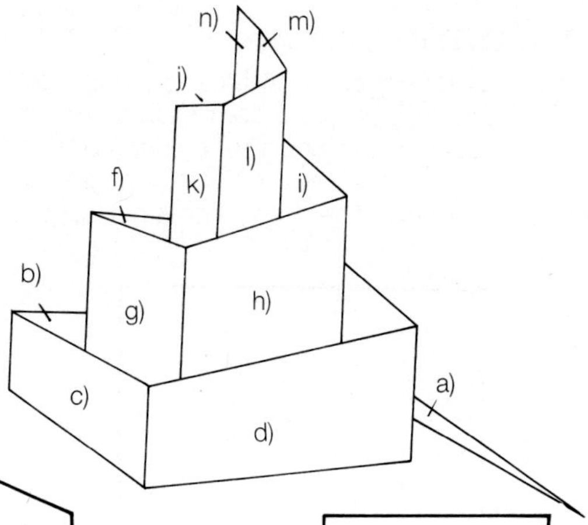

Die Muster sind im Maßstab 7:10 abgebildet.

No-Bühne (Bild Seite 12)

Nach den untenstehenden 6 Mustern insgesamt 20 Teile ausschneiden und dem Diagramm entsprechend zusammenfügen. Die No-Bühne mit Faden an den im Diagramm mit Punkten gekennzeichneten Stellen auf der Kartenbasis befestigen.

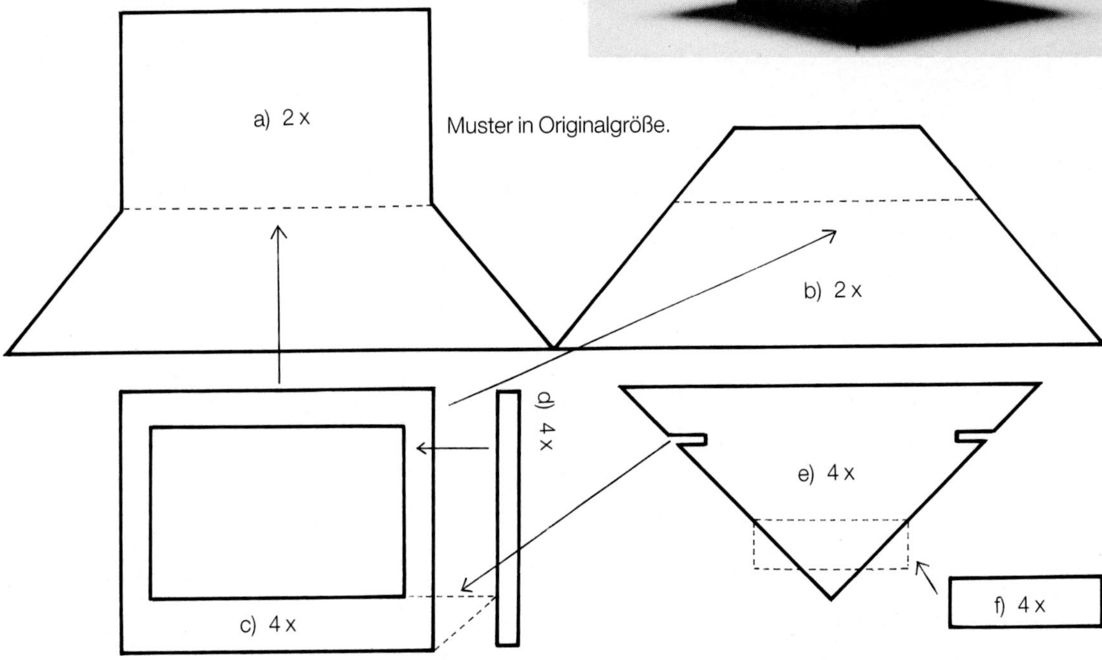

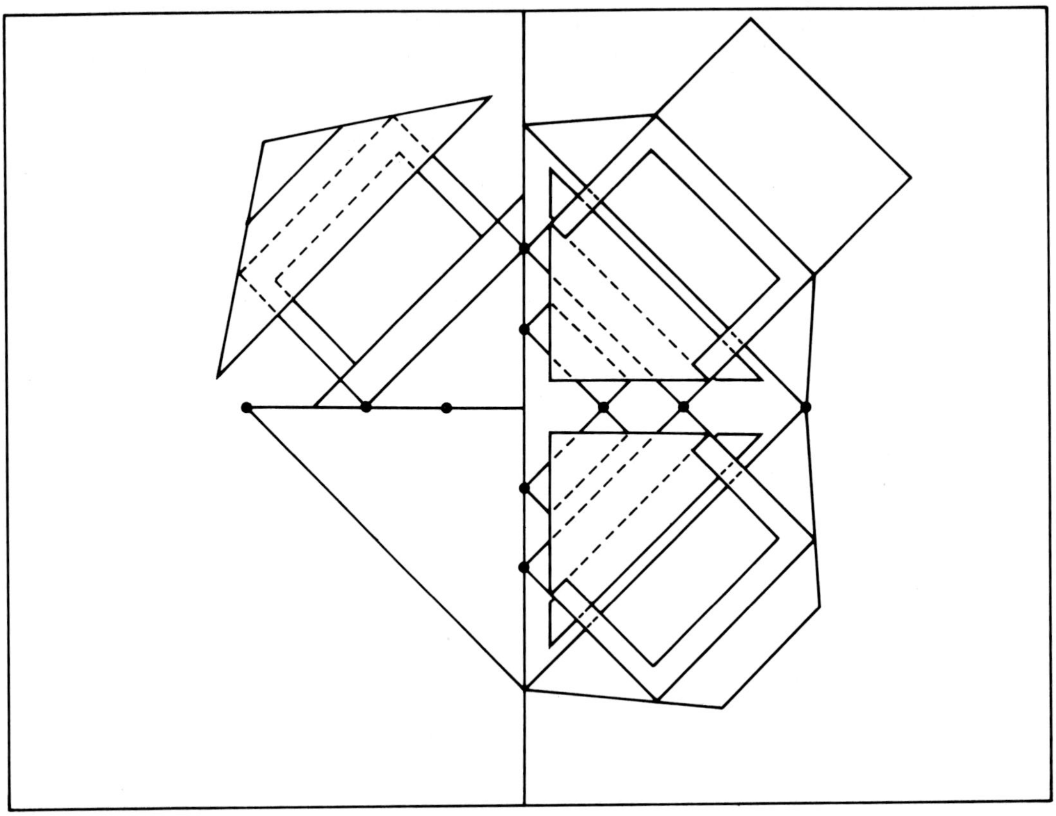

Vase (Bild Seite 14)

Nach den untenstehenden 3 Mustern insgesamt 6 Teile ausschneiden. Entsprechend dem Diagramm die Teile (a) und (b) sowie (b) und (c) auf der Rückseite mit Reispapier zusammenkleben. Diesen Schritt wiederholen, dann die beiden entstandenen Hälften ebenfalls mit Reispapier zusammenkleben. Die fertige Vase mit den Fäden an den im Diagramm mit Punkten gekennzeichneten Stellen auf der Kartenbasis befestigen. Um die geleimten Stellen zu verdecken und die Vase zu verschönern, können weitere 6 Teile ausgeschnitten und von innen aufgeklebt werden.

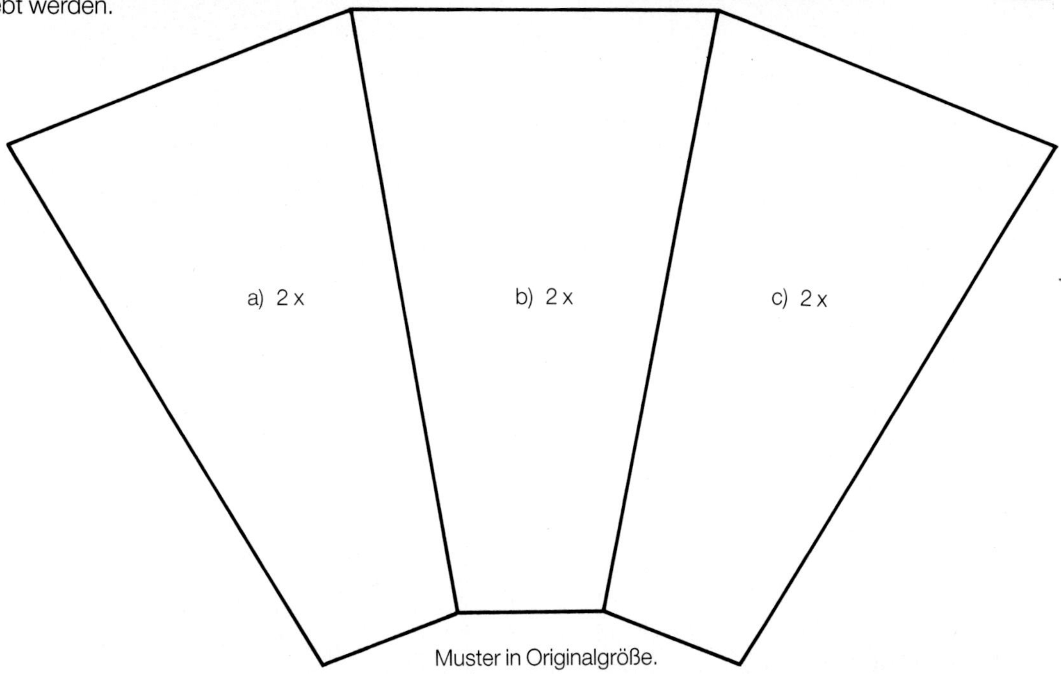

Muster in Originalgröße.

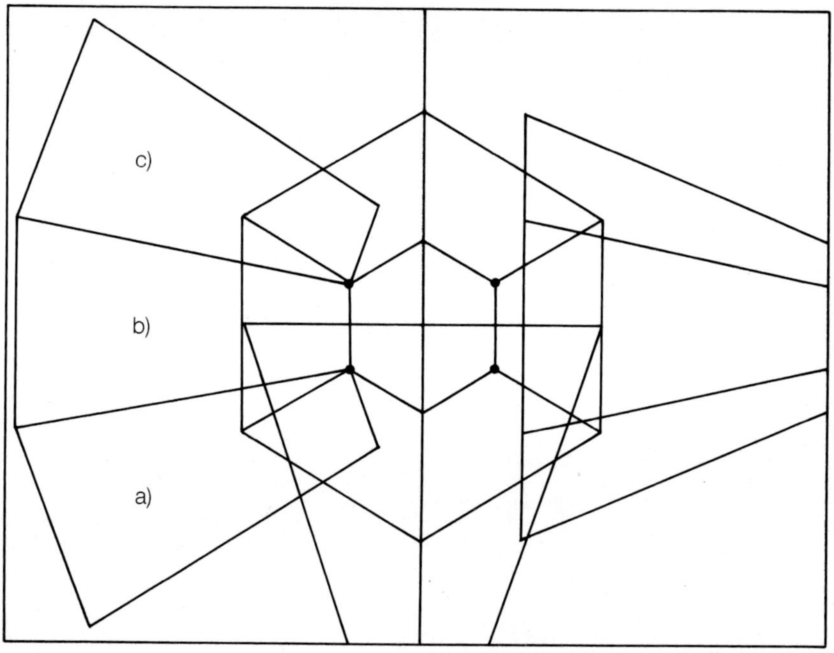

Kugel (Bild Seite 15)

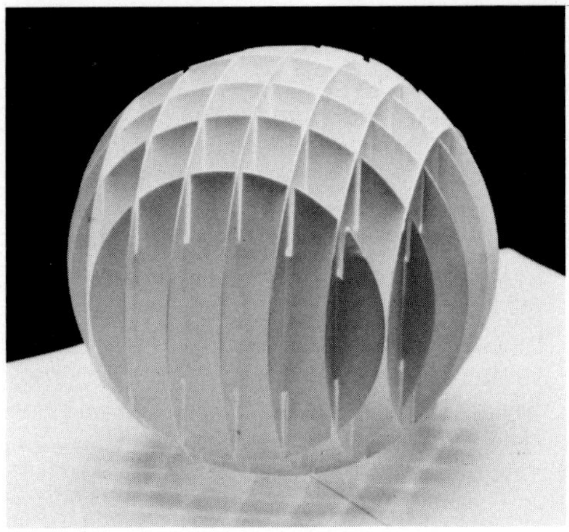

Nach den untenstehenden 8 Mustern insgesamt 14 Teile ausschneiden. Zunächst die Teile (a) und (b), dann (c) und (d), (e) und (f) sowie (g) und (h) zu einer Kugel zusammenfügen (vgl. Diamant Seite 24/25 und heiliges Feuer Seite 28/29).

Die Muster sind im Maßstab 8:10 abgebildet.

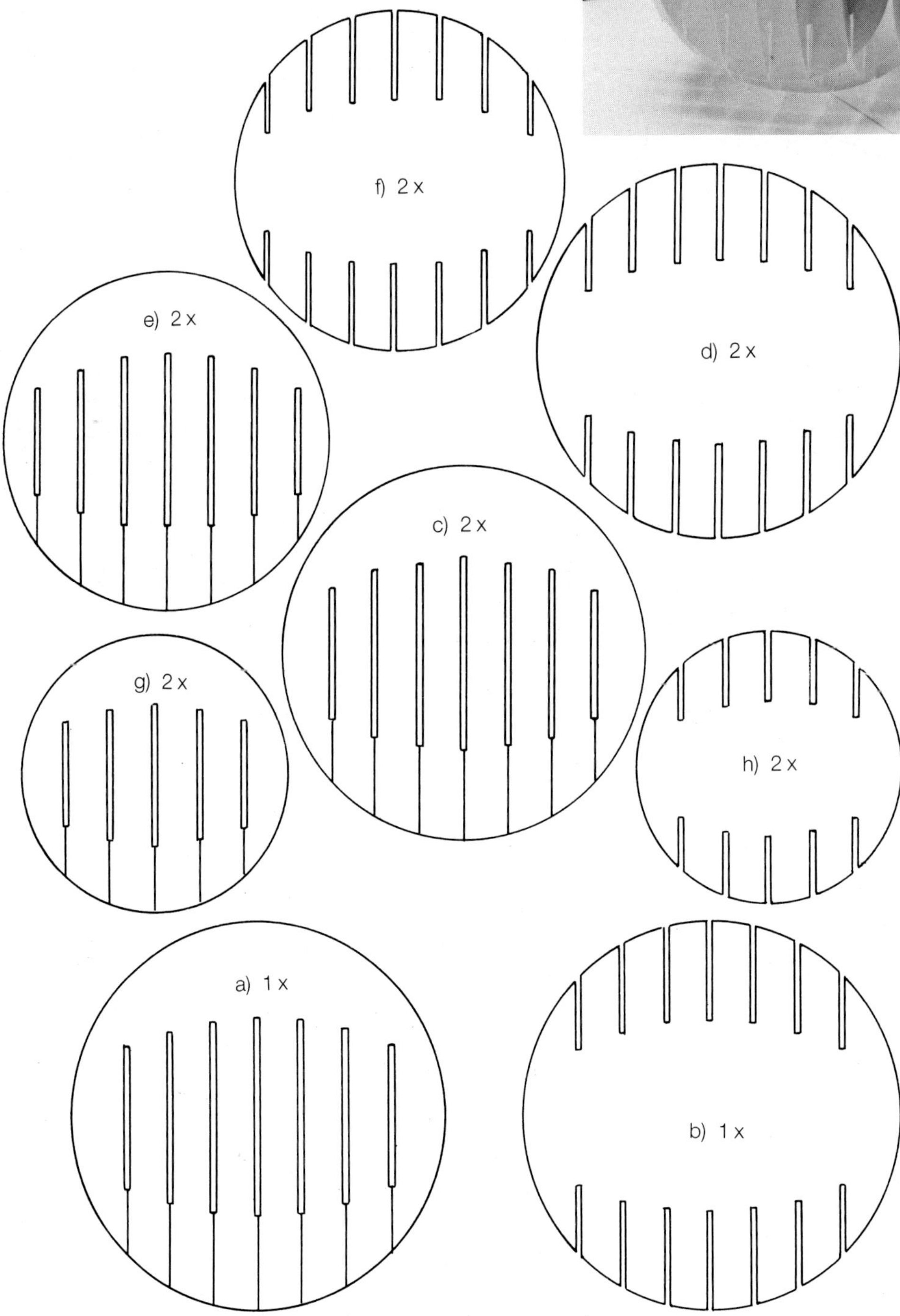

Die Kugel mit Fäden an den im Diagramm mit Punkten bezeichneten Stellen auf der Kartenbasis befestigen.

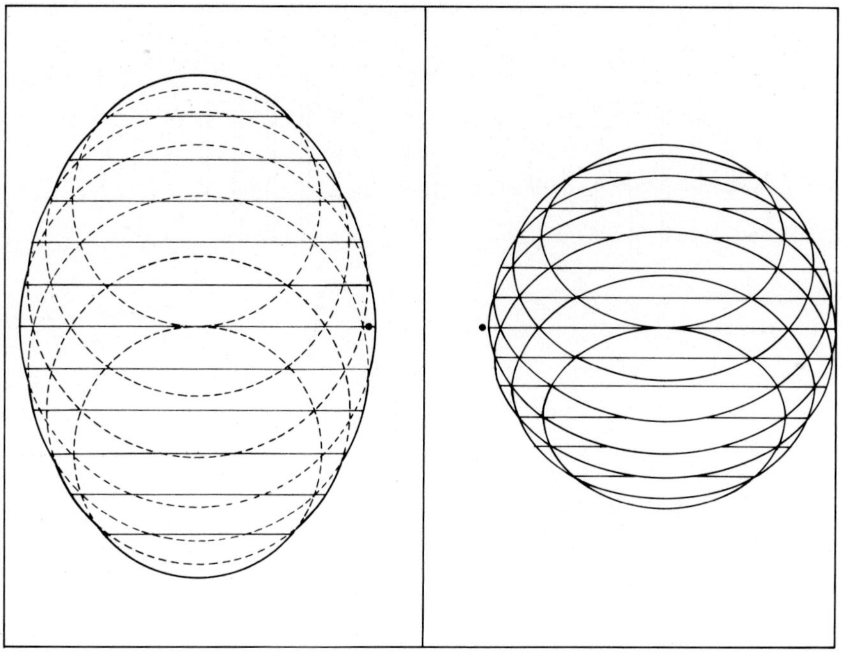

Jacht (Bild Seite 15)

Nach den auf der folgenden Seite (im Maßstab 8:10) abgebildeten 14 Mustern insgesamt 18 Teile ausschneiden. Zunächst die beiden größten Teile (a) und (f) zusammenfügen, dann horizontal und vertikal die weiteren Teile, zuletzt die Teile (i) und (n).
Die fertige Jacht mit Fäden an den im Diagramm mit Punkten gekennzeichneten Stellen auf der Kartenbasis befestigen. Die beiden Fadenenden, die in die beiden Löcher auf der Mittellinie eingeführt werden, auf der Vorderseite um 1 cm vorstehen lassen.

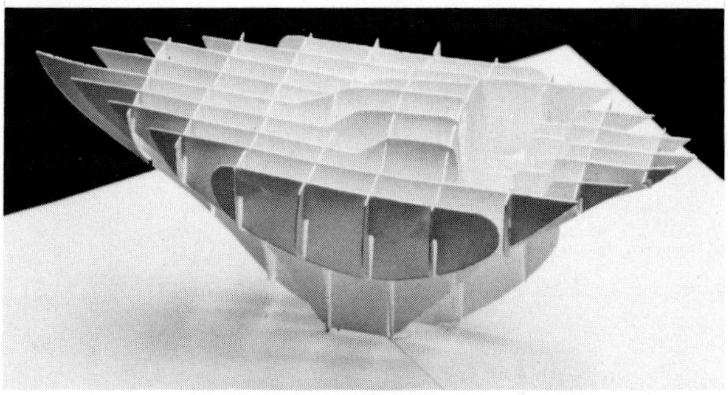

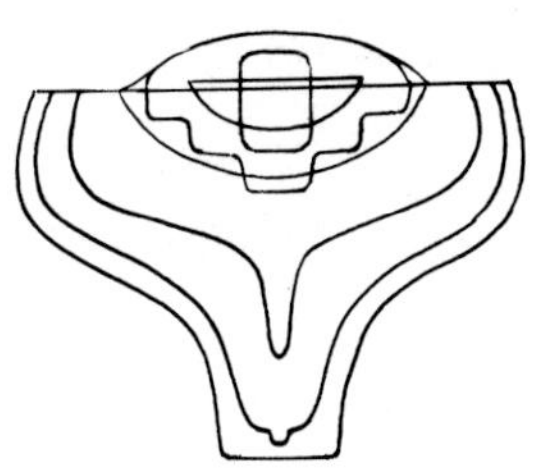

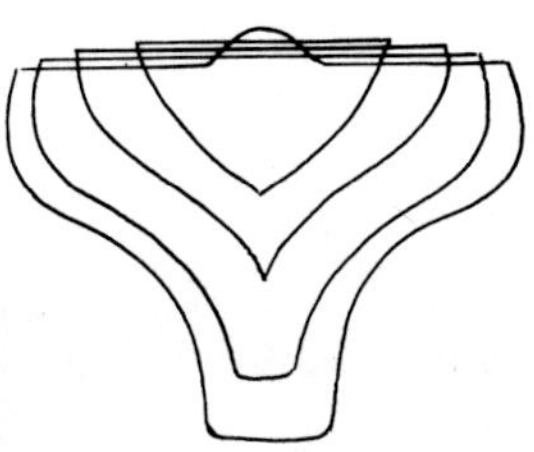

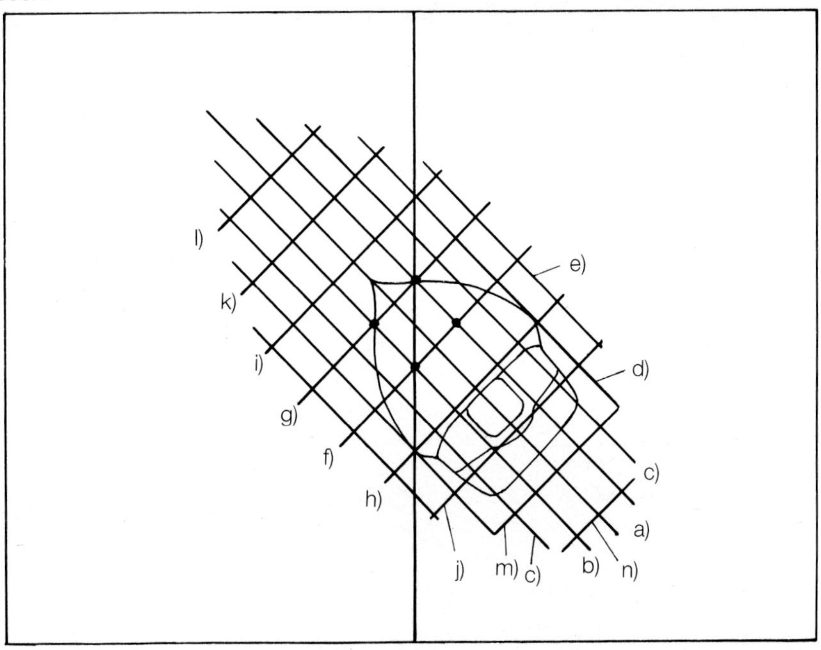

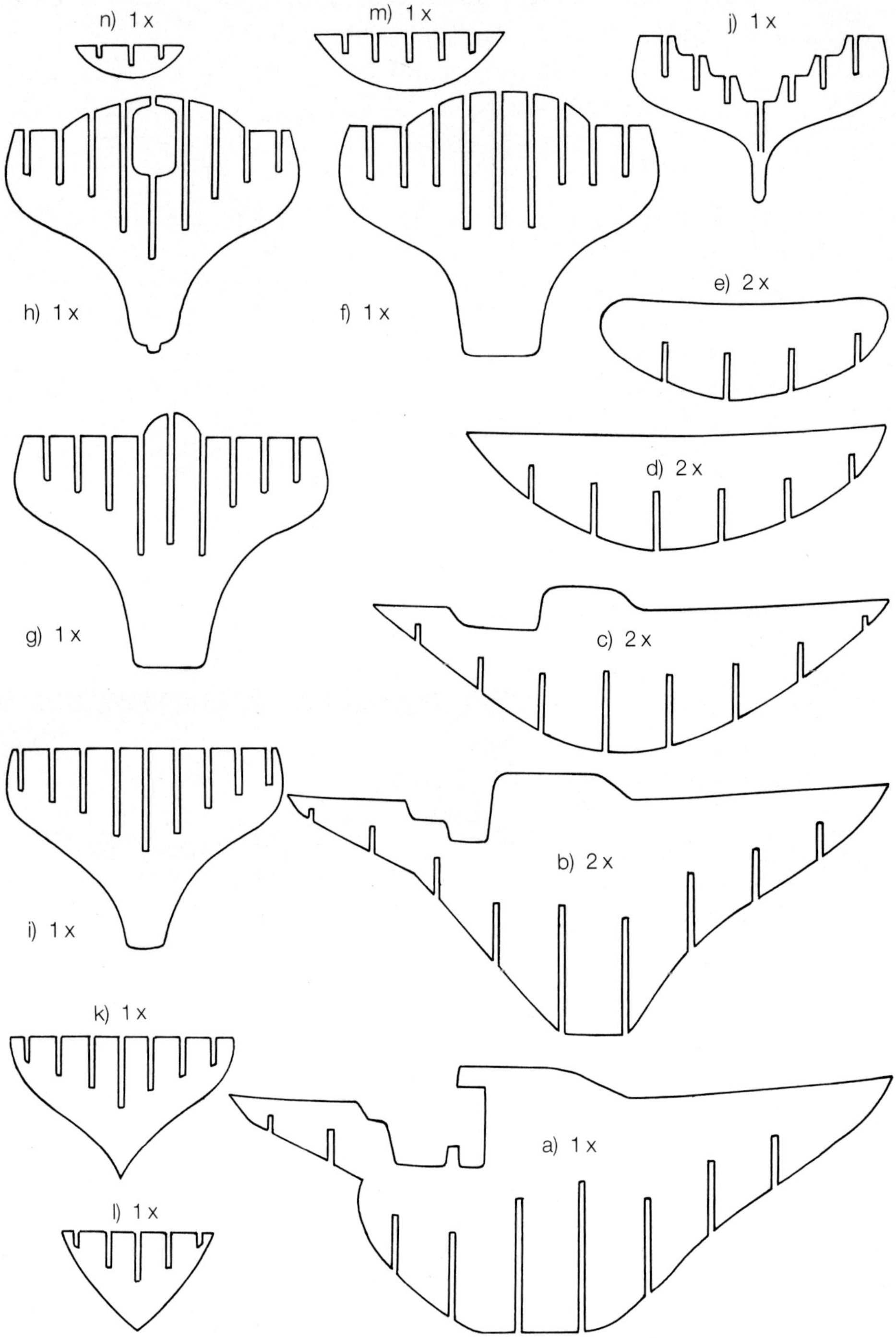

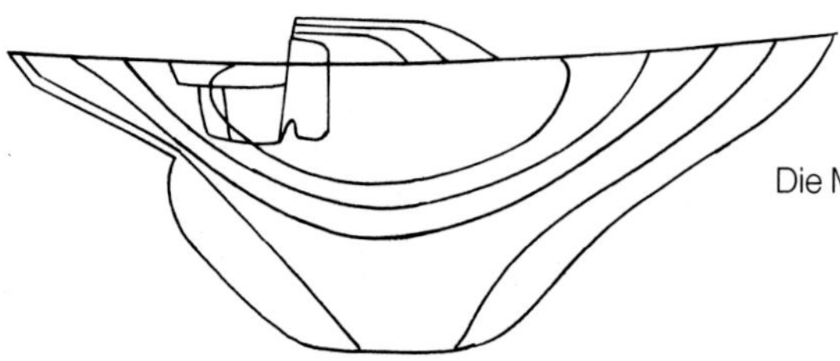

Die Muster sind im Maßstab 8:10 abgebildet.

MUSTER IN ORIGINALGRÖSSE FÜR EINFACHE UND 90°-KARTEN

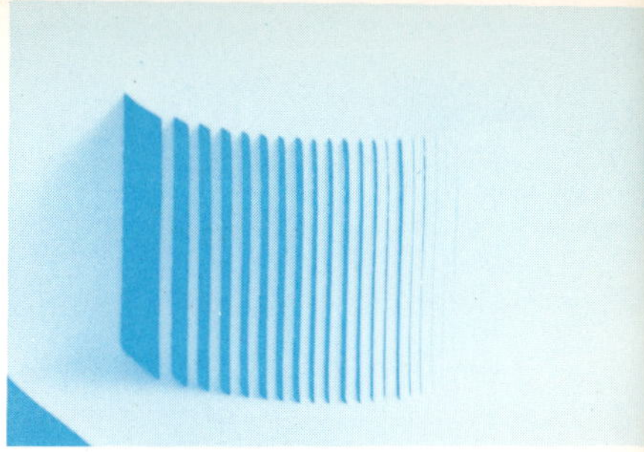

Block (Bild Seite 6)

Schneidelinie

Falten nach vorn

Falten nach hinten

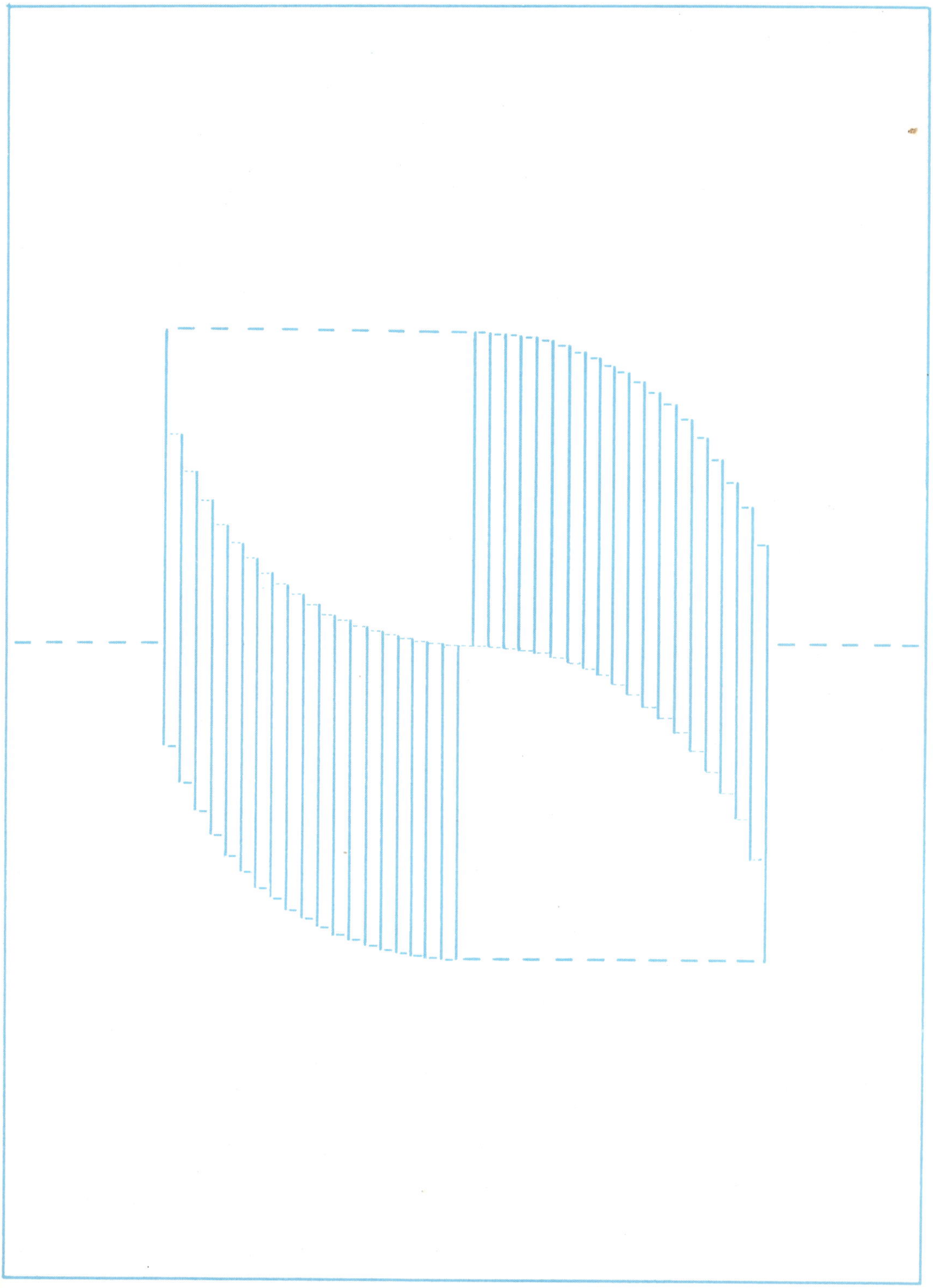

Japanische Puppen (Bild Seite 8)

——— Schneidelinie

– – – Falten nach vorn

- - - - Falten nach hinten

Maus (Bild Seite 8)

Schneidelinie
Falten nach vorn
Falten nach hinten

Amphitheater (Bild Seite 10)

Schneidelinie
Falten nach vorn
Falten nach hinten

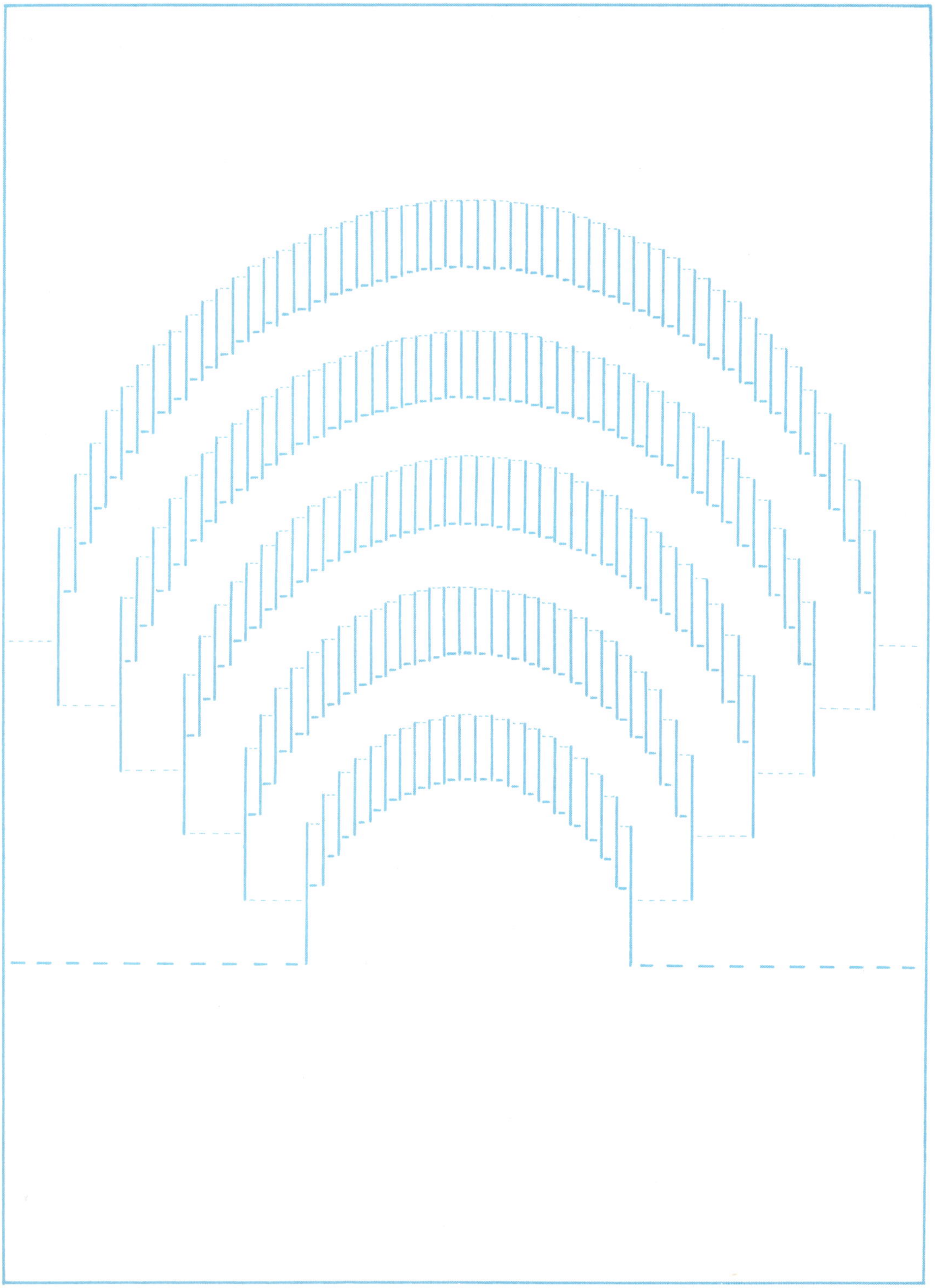

Weiße Kapelle (Bild Seite 11)

——— Schneidelinie
– – – – Falten nach vorn
- - - - - Falten nach hinten

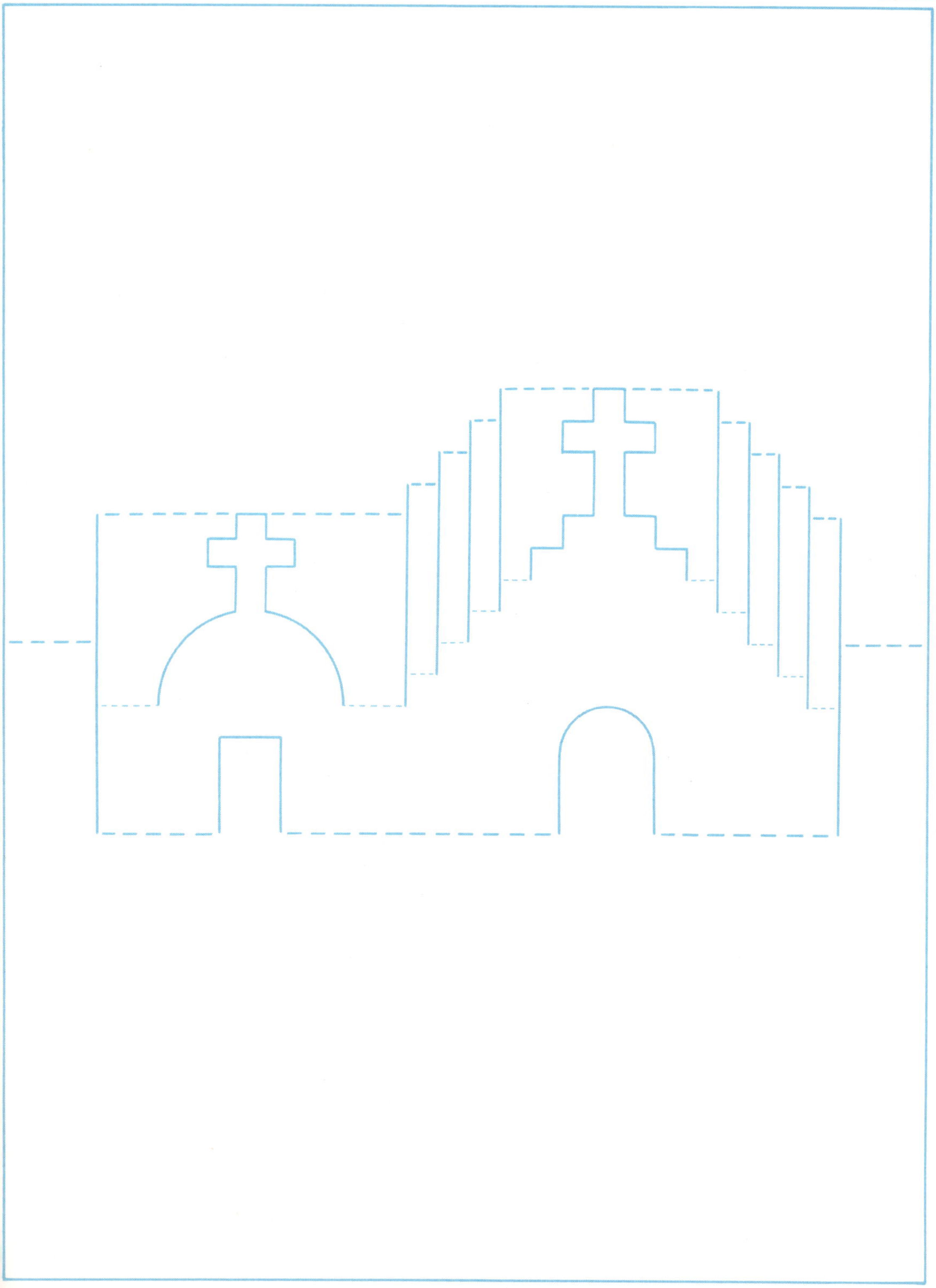

Schloß (Bild Seite 11)

Schneidelinie

Falten nach vorn

Falten nach hinten

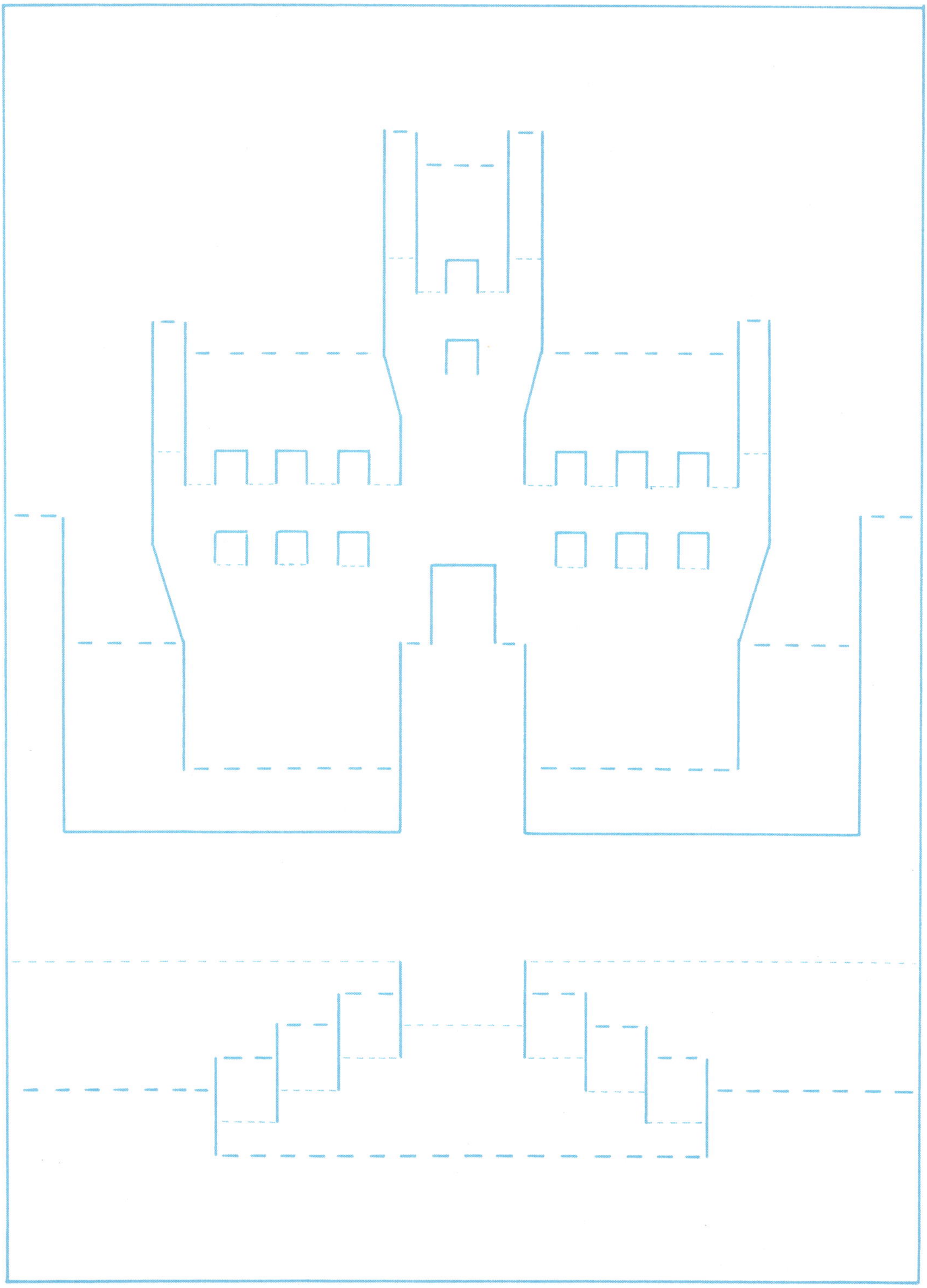

Die musikalische Muschel

(Bild Seite 13)

Schneidelinie
Falten nach vorn
Falten nach hinten

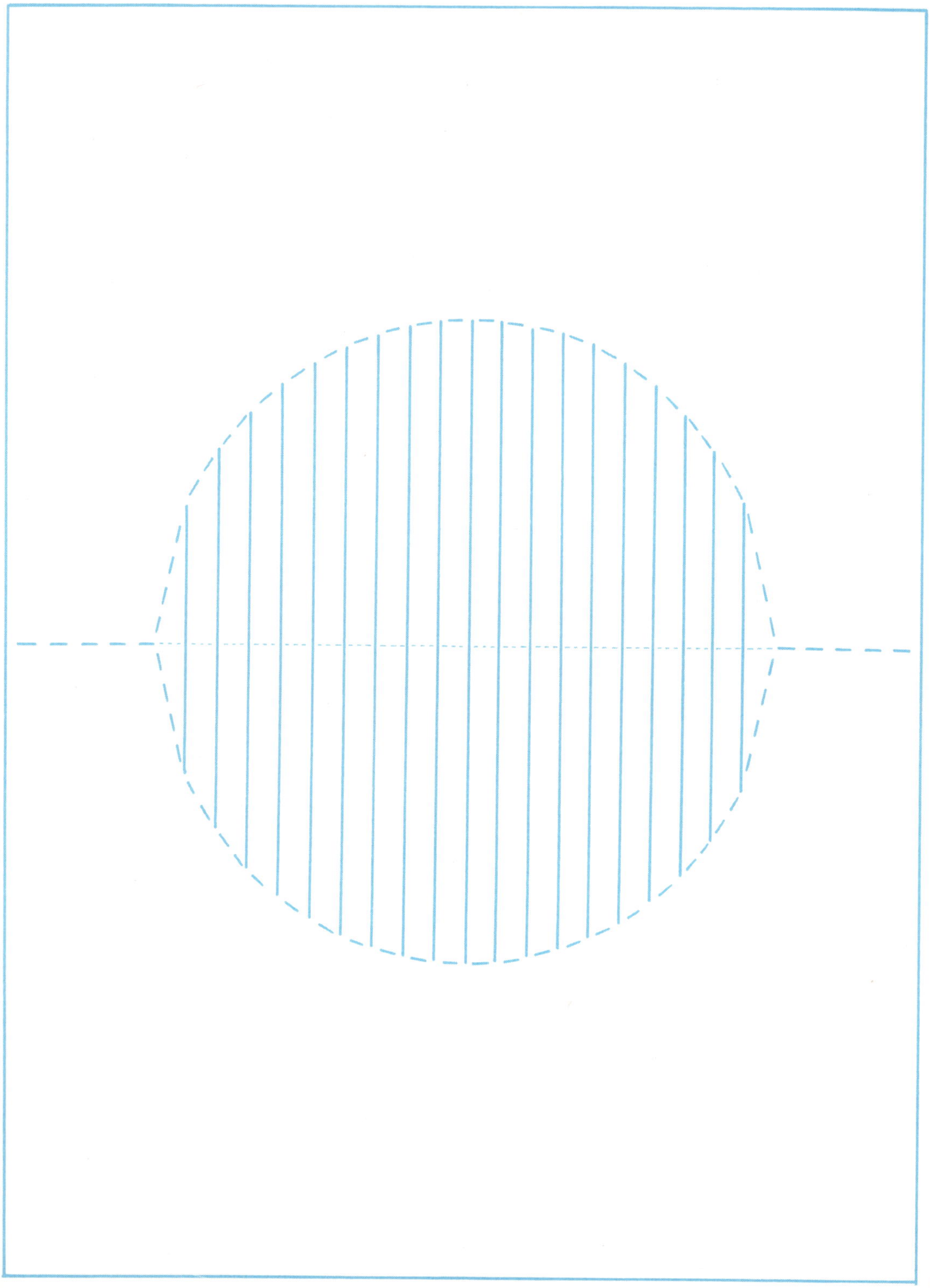

Stufenlabyrinth (Bild Seite 13)

——— Schneidelinie

– – – – Falten nach vorn

- - - - - - Falten nach hinten

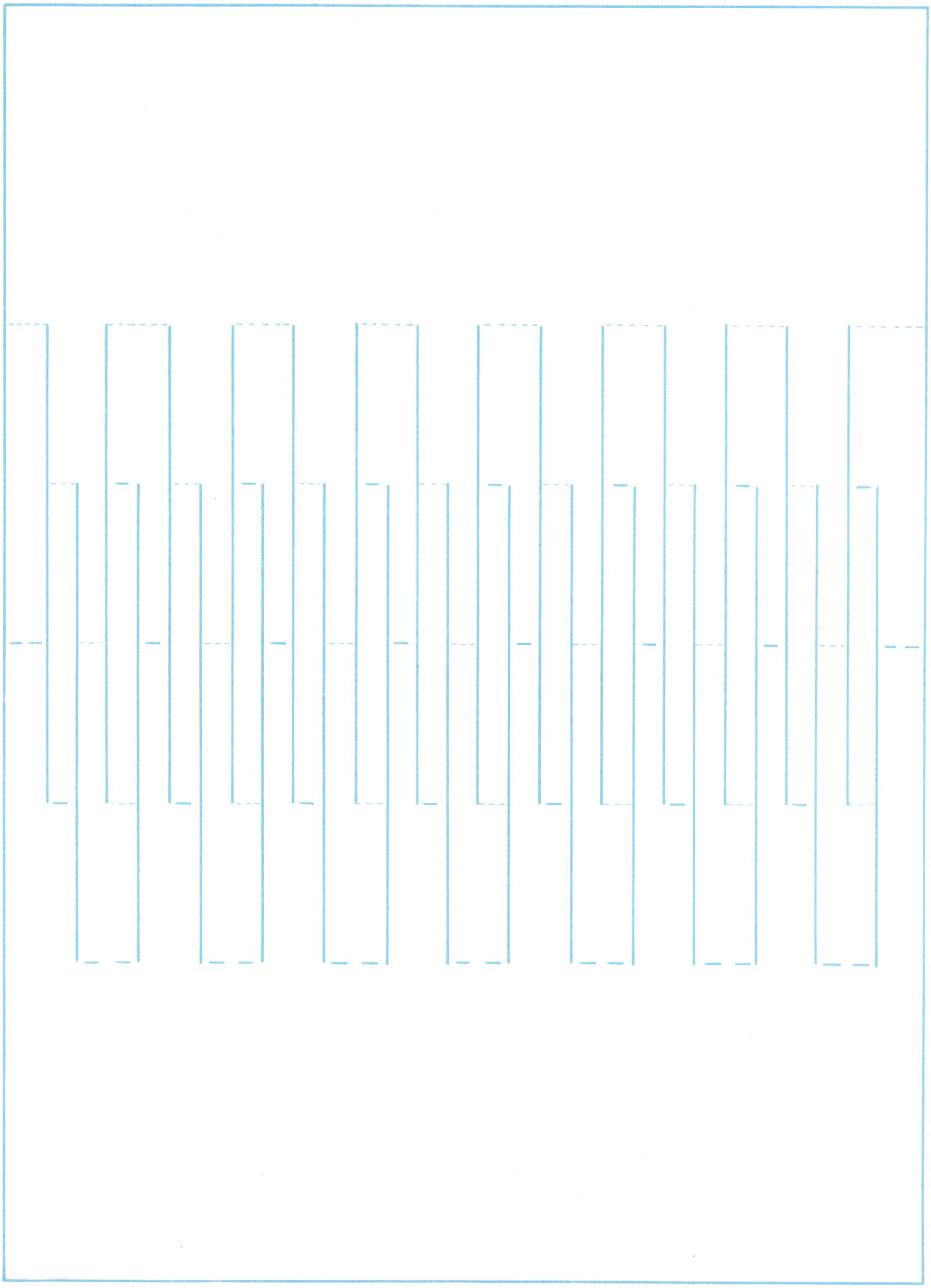

Dekoration (Bild Seite 14)

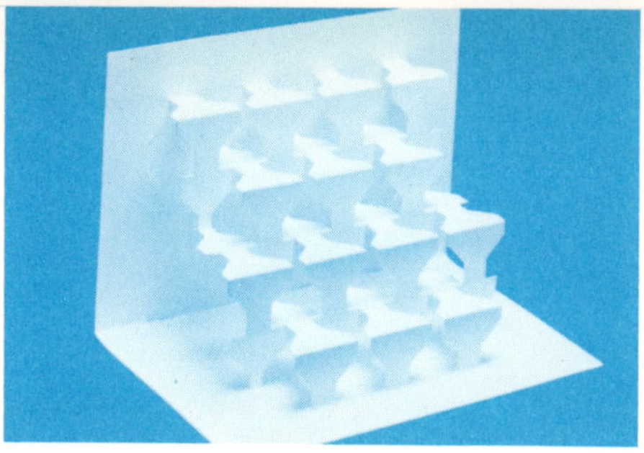

——— Schneidelinie
– – – – Falten nach vorn
- - - - - Falten nach hinten

Nilpferd (Bild Seite 16)

Schneidelinie
Falten nach vorn
Falten nach hinten

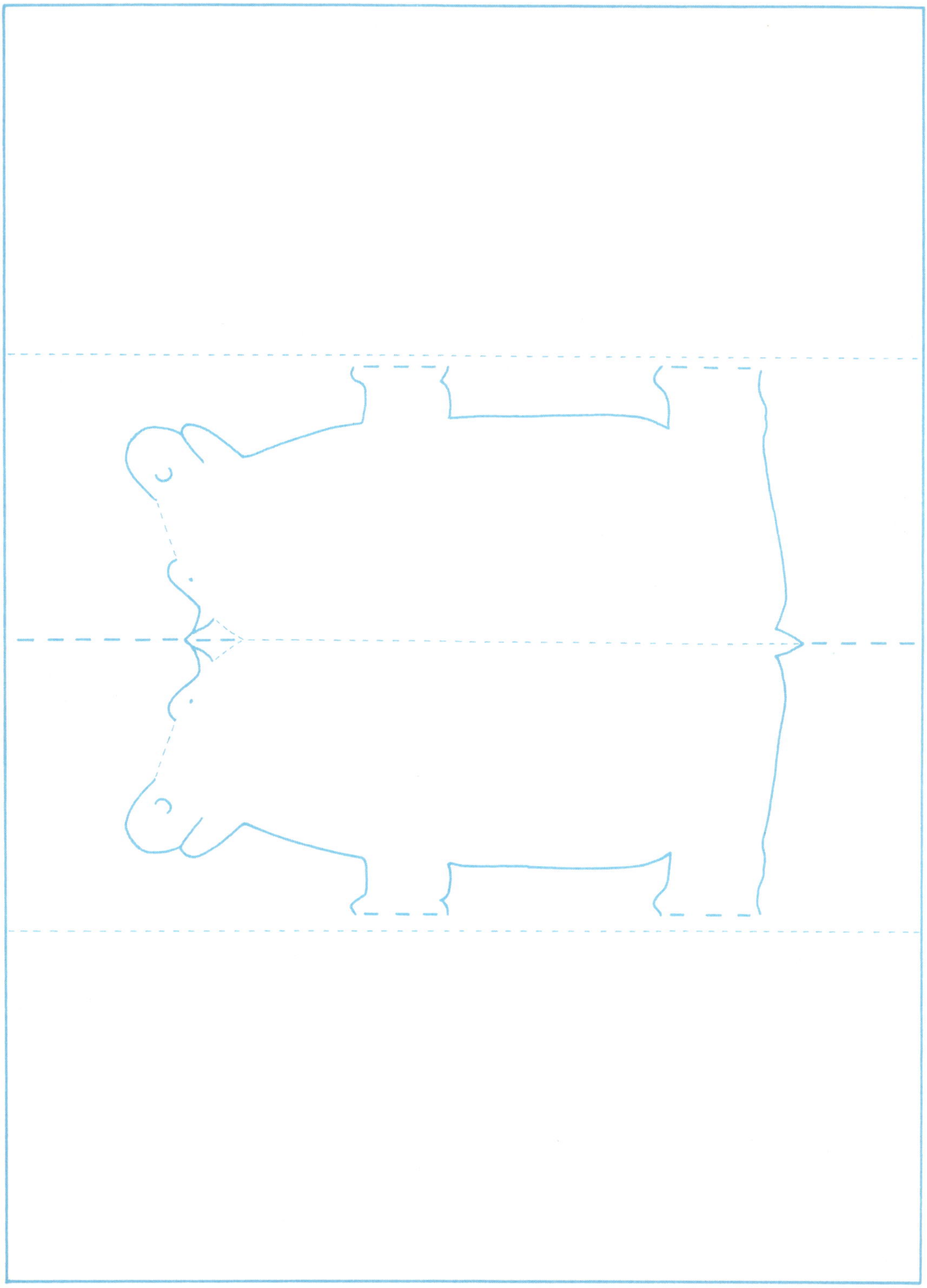

Lamm (Bild Seite 16)

Schneidelinie
Falten nach vorn
Falten nach hinten

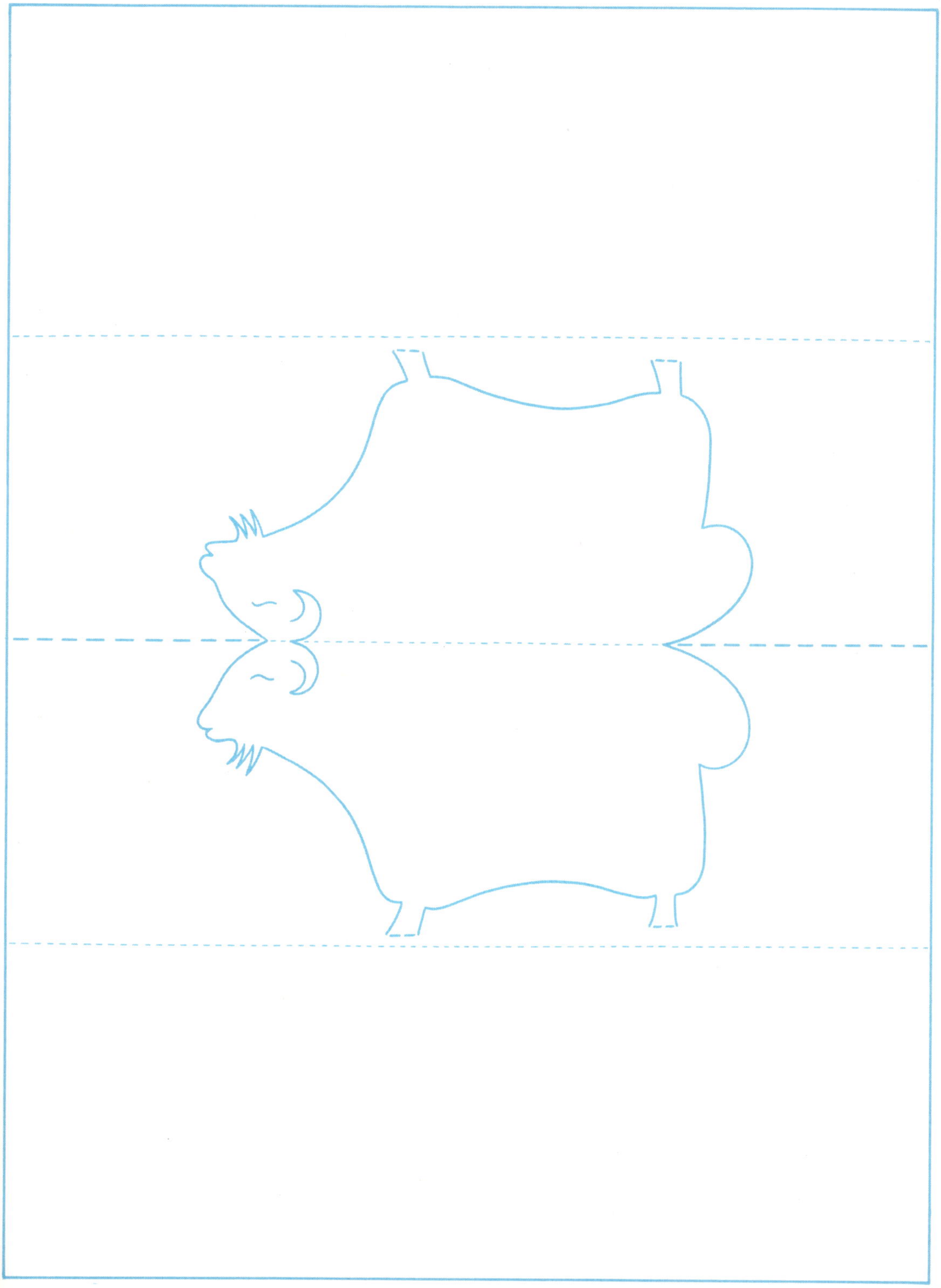

Wildschwein (Bild Seite 16)

Schneidelinie
Falten nach vorn
Falten nach hinten

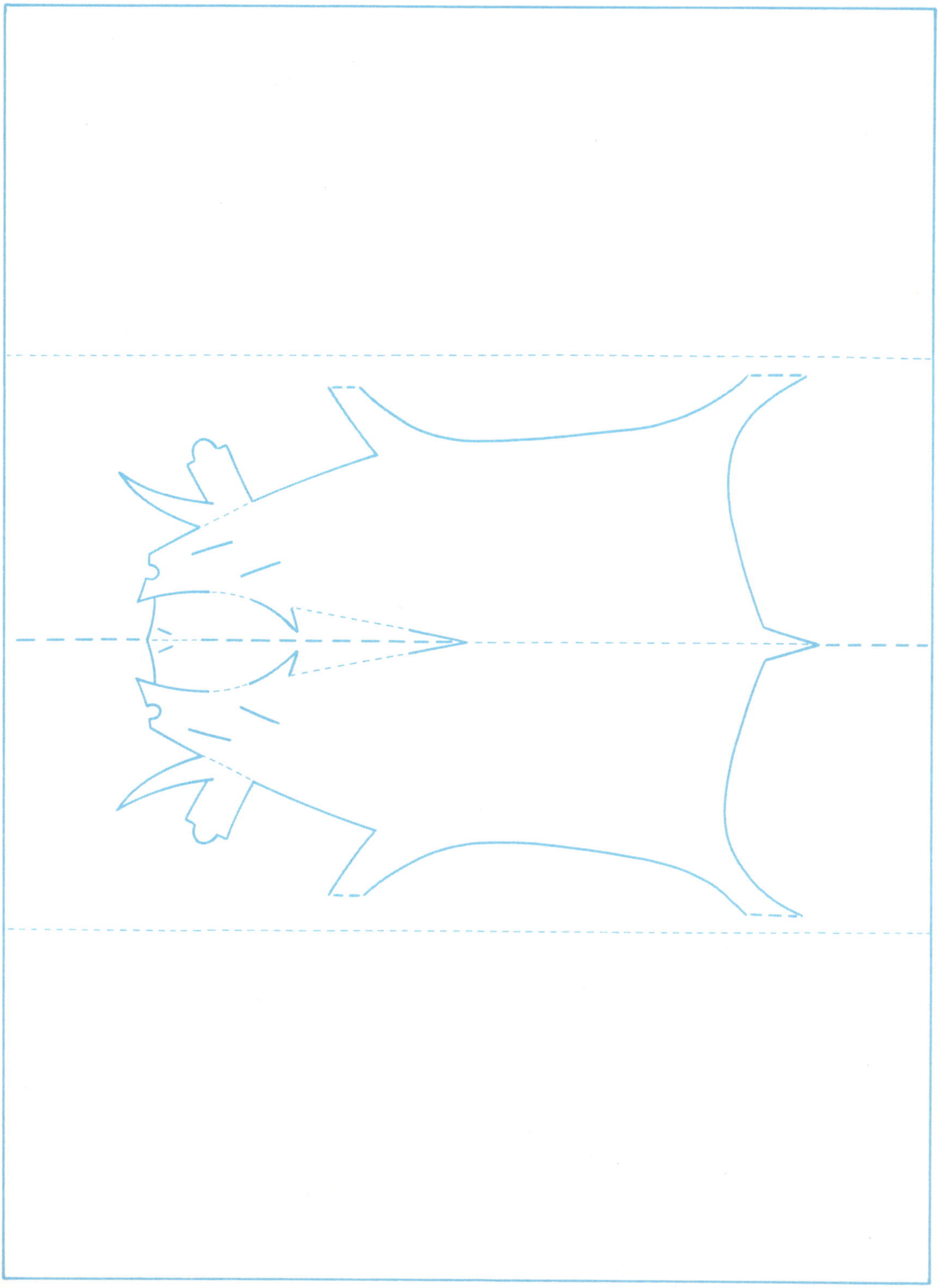

Pferd (Bild Seite 16)

Schneidelinie

Falten nach vorn

Falten nach hinten

Walroß (Bild Seite 17)

——— Schneidelinie
– – – – Falten nach vorn
- - - - - Falten nach hinten

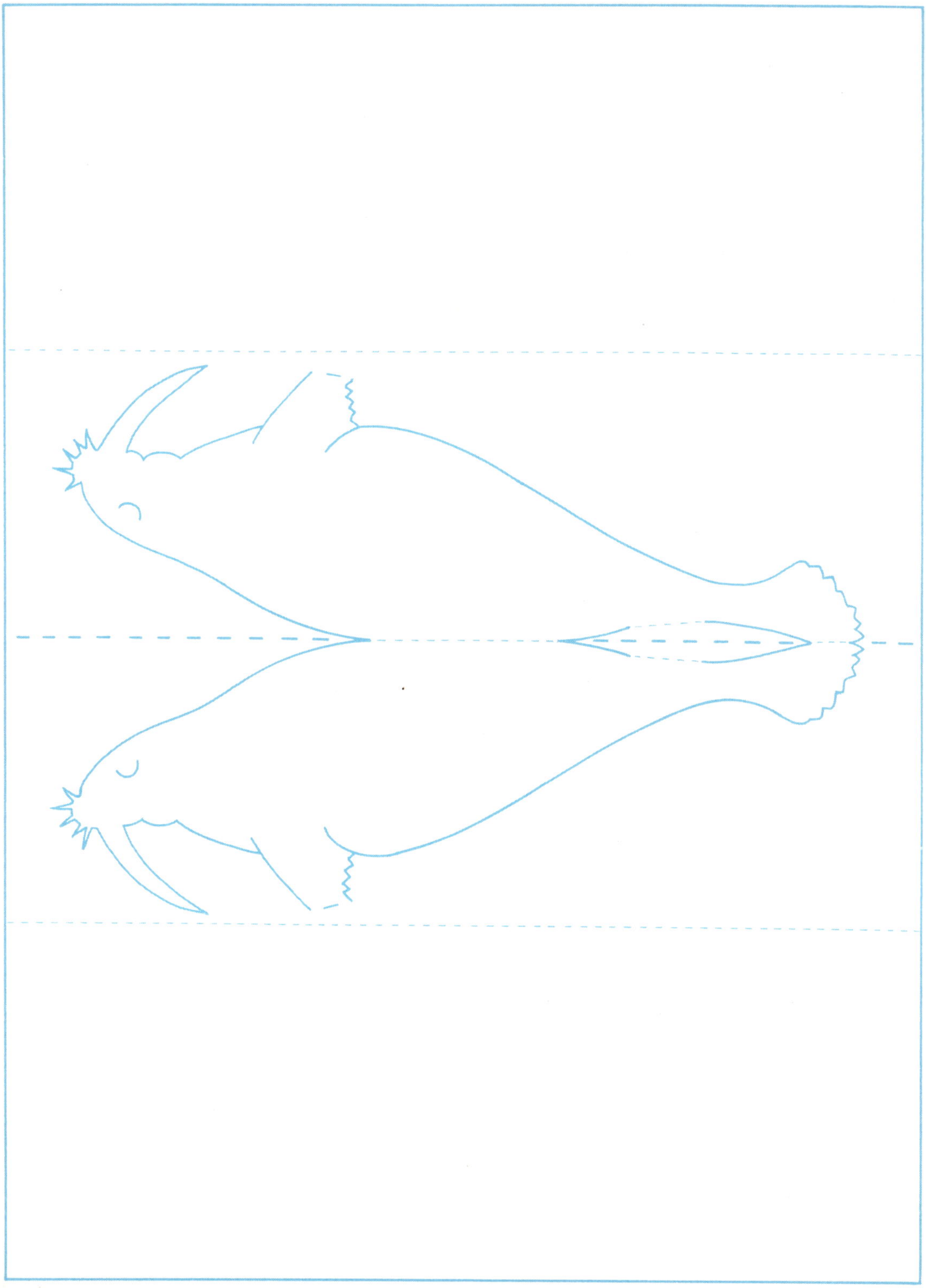

Hai (Bild Seite 17)

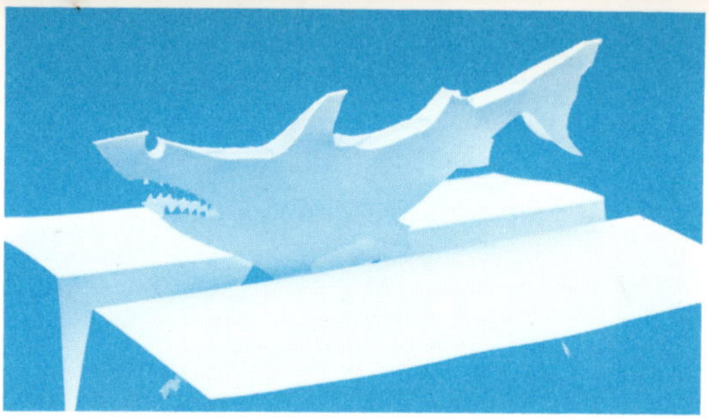

Schneidelinie

Falten nach vorn

Falten nach hinten

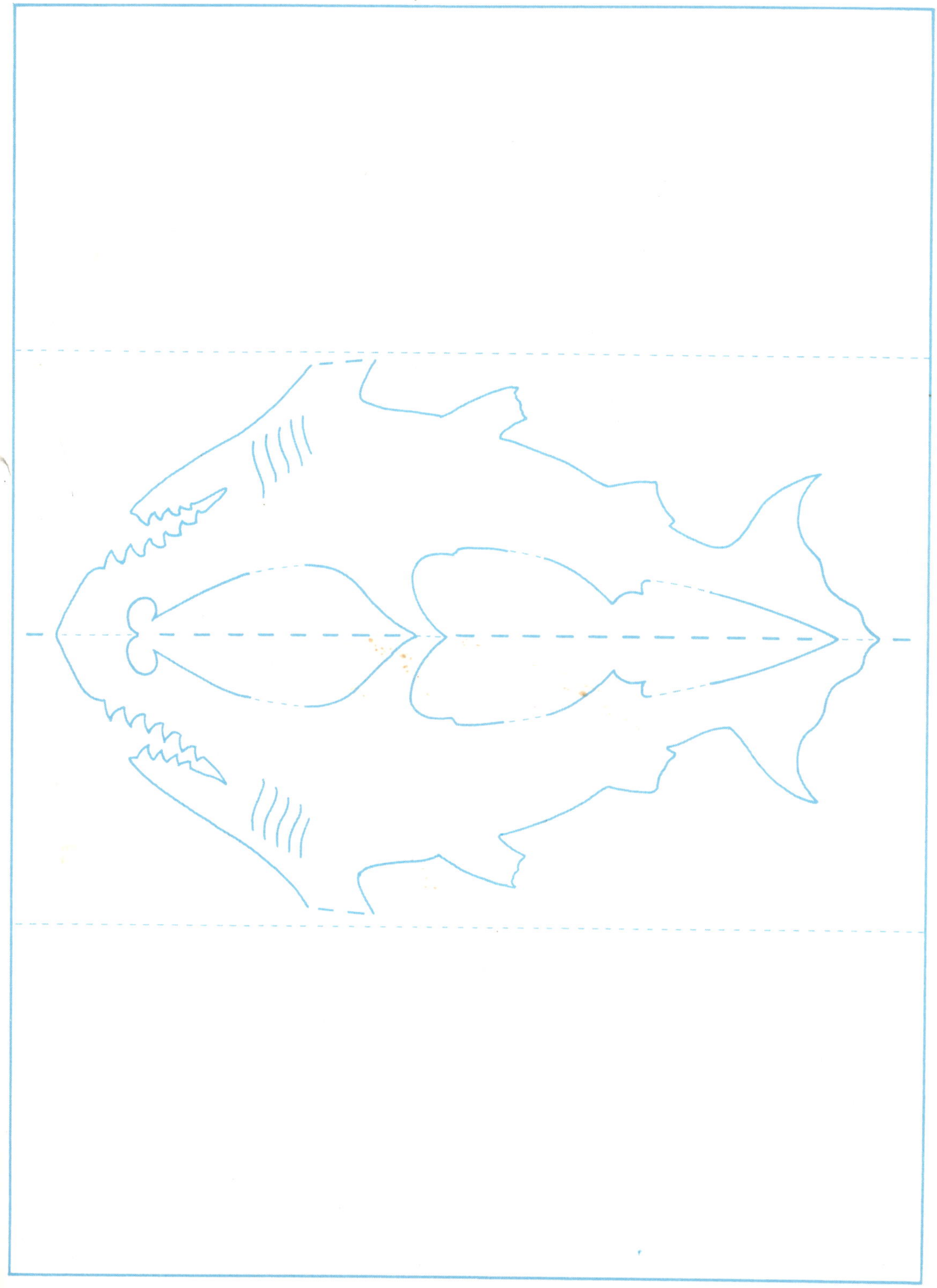

Löwe (Bild Seite 17)

Schneidelinie
Falten nach vorn
Falten nach hinten

Kleiner Bär (Bild Seite 17)

——— Schneidelinie
– – – – – Falten nach vorn
- - - - - - - Falten nach hinten

Krabbe (Bild Seite 18)

——— Schneidelinie
– – – – Falten nach vorn
- - - - - Falten nach hinten

Schildkröte (Bild Seite 18)

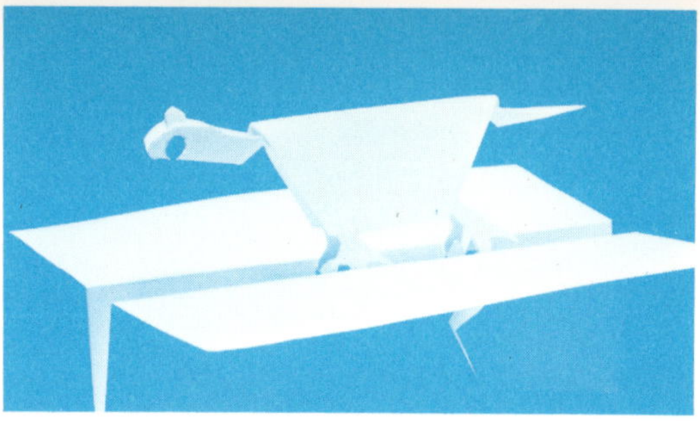

Schneidelinie
Falten nach vorn
Falten nach hinten

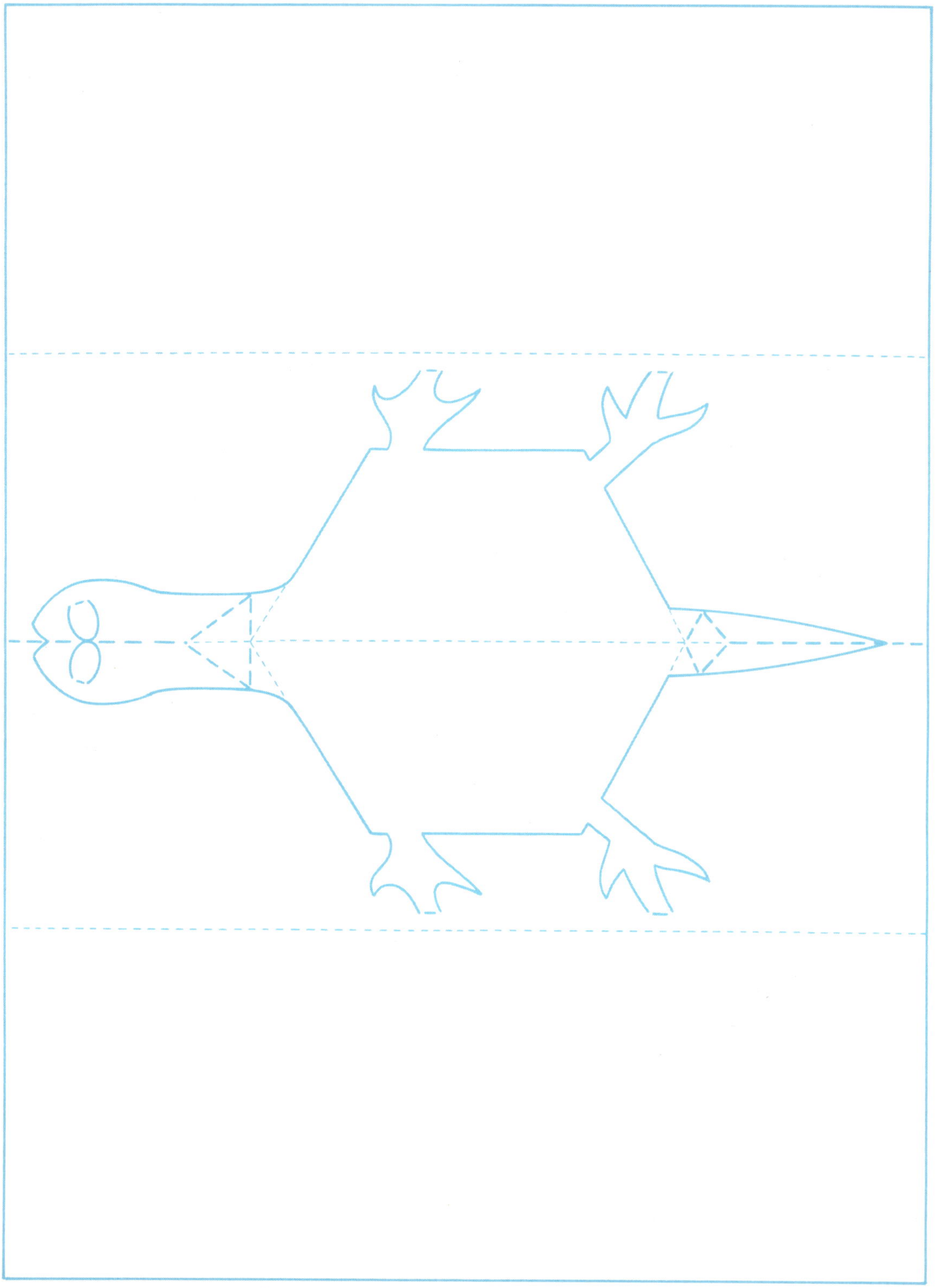

Maske (Bild Seite 18, links)

Schneidelinie

Falten nach vorn

Falten nach hinten

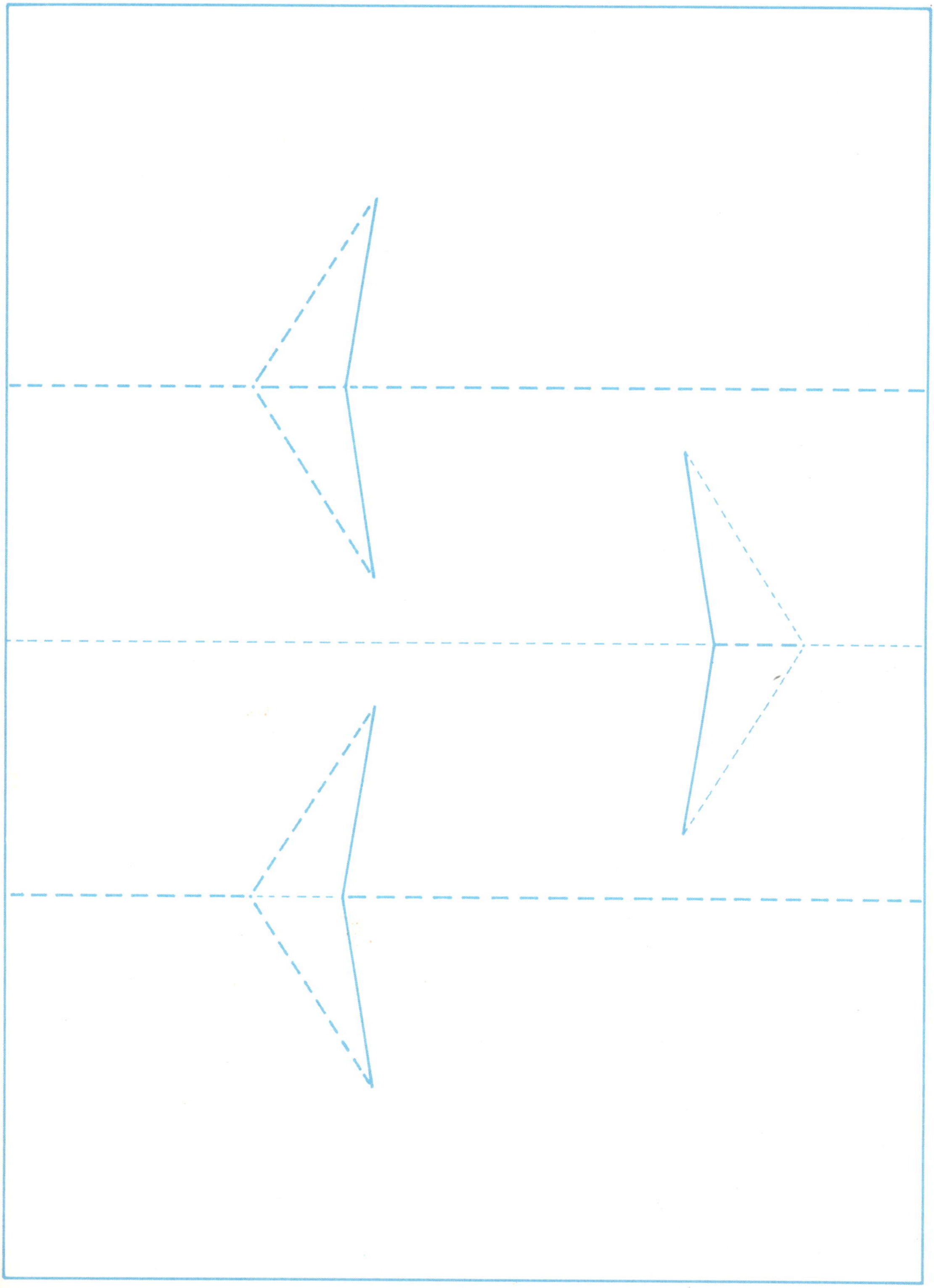

Maske (Bild Seite 18, rechts)

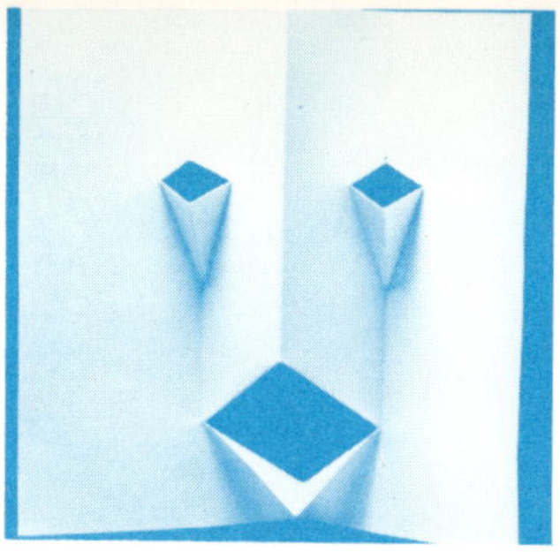

——— Schneidelinie
– – – – Falten nach vorn
- - - - - Falten nach hinten

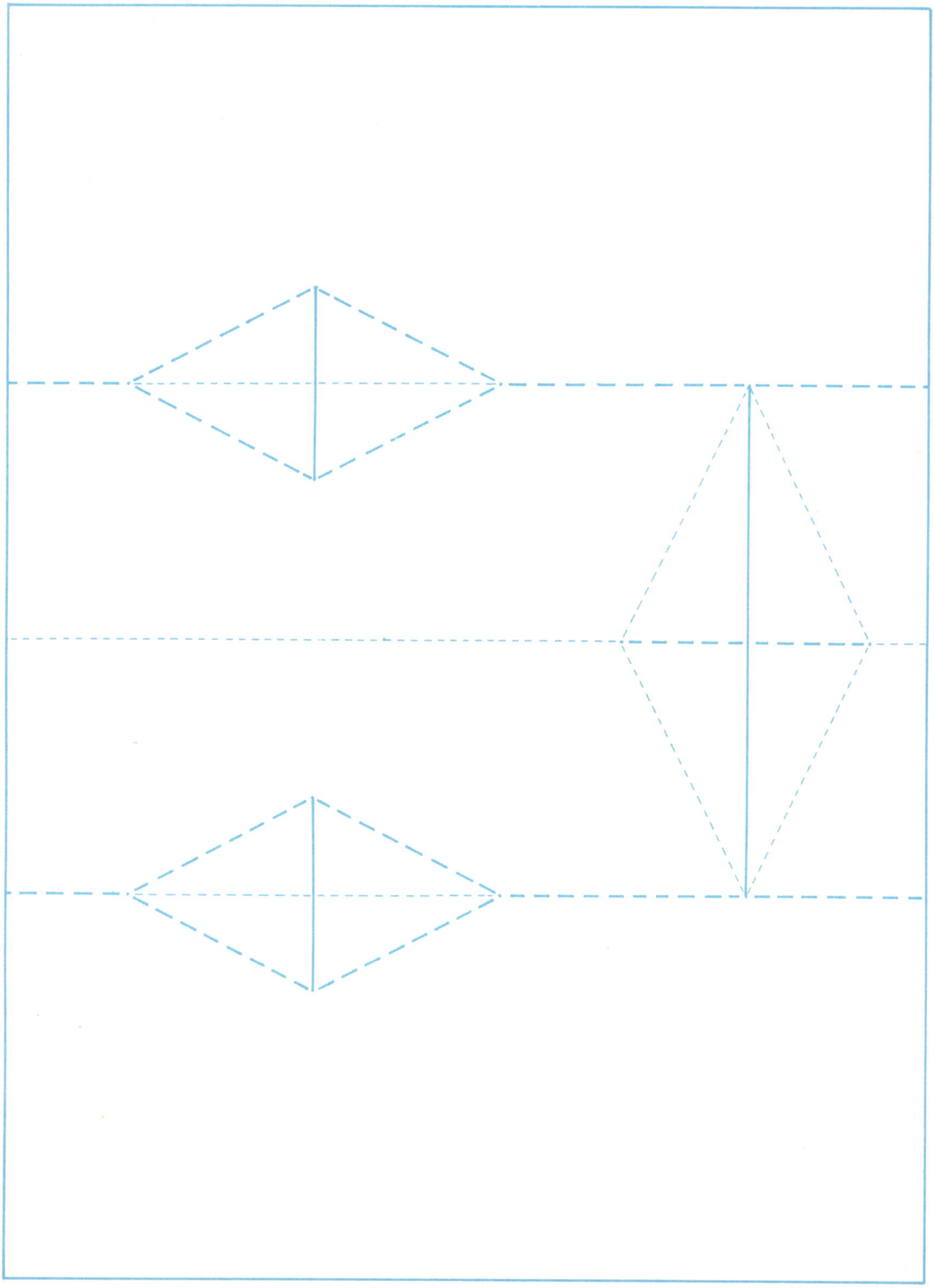

Schwimmvögel (Bild Seite 19)

- Schneidelinie
- Falten nach vorn
- Falten nach hinten

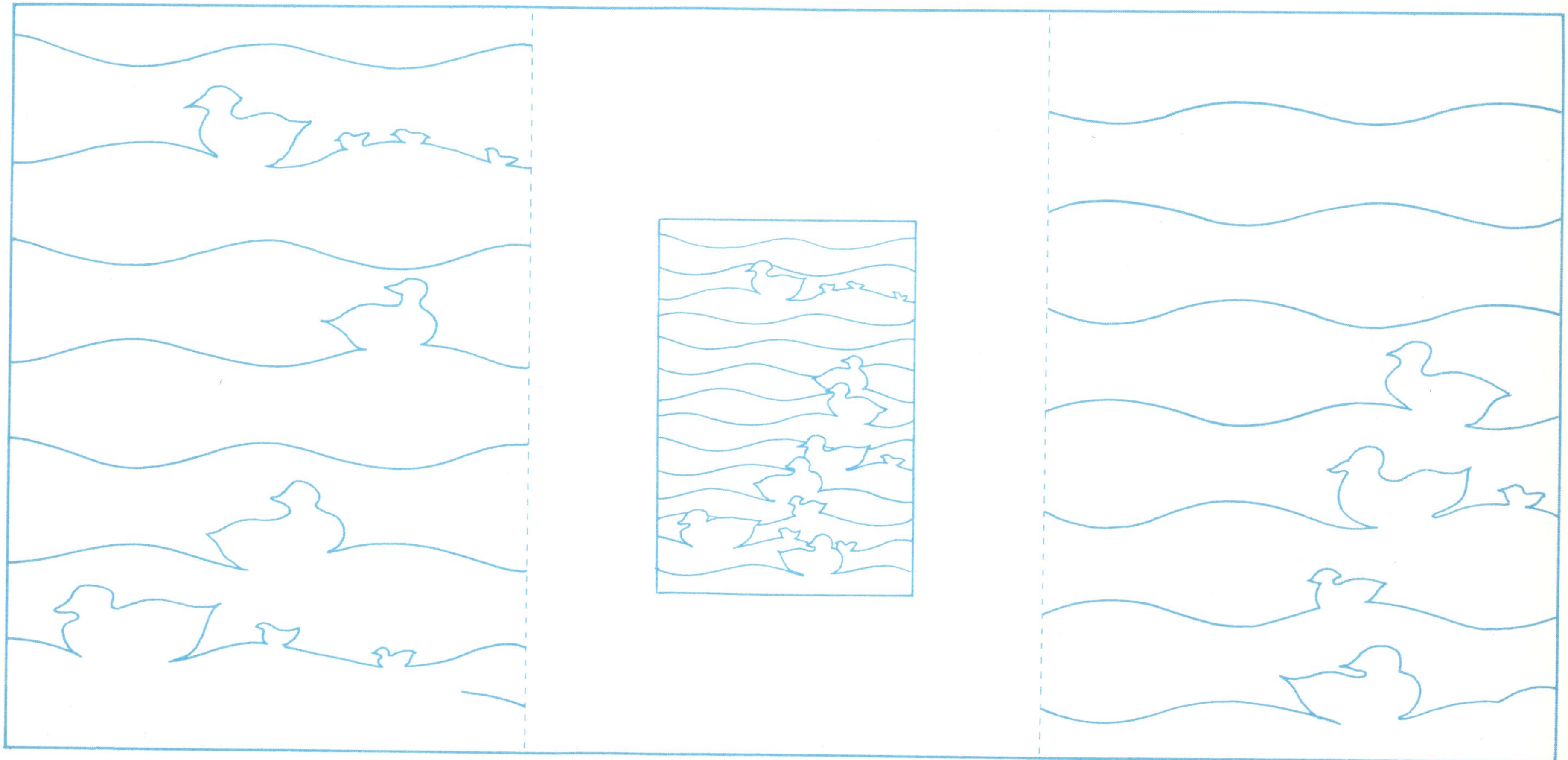

Kreuzfahrt (Bild Seite 19)

——— Schneidelinie
– – – – Falten nach vorn
- - - - - Falten nach hinten

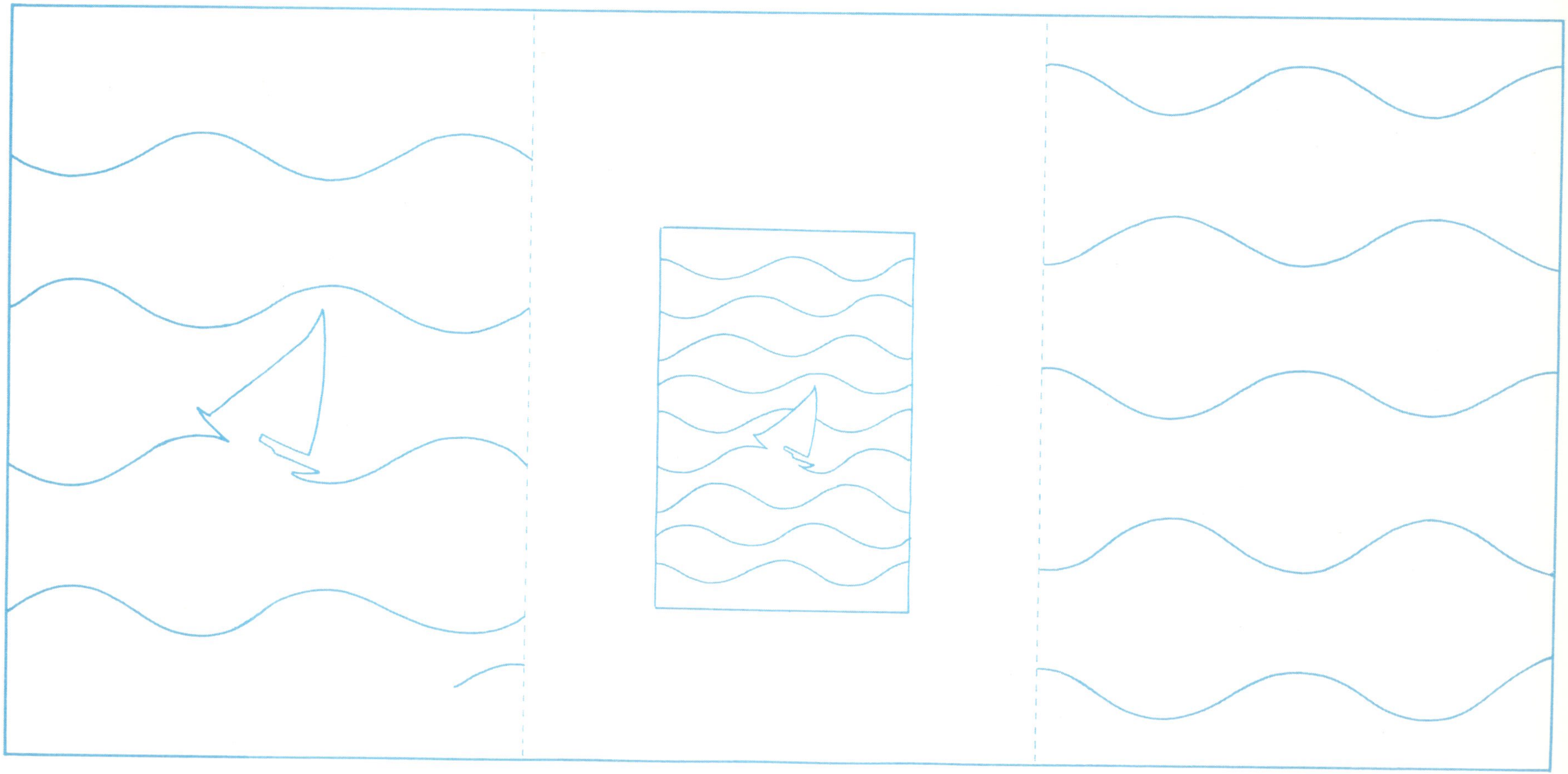

Wogen (Bild Seite 19)

Schneidelinie
Falten nach vorn
Falten nach hinten

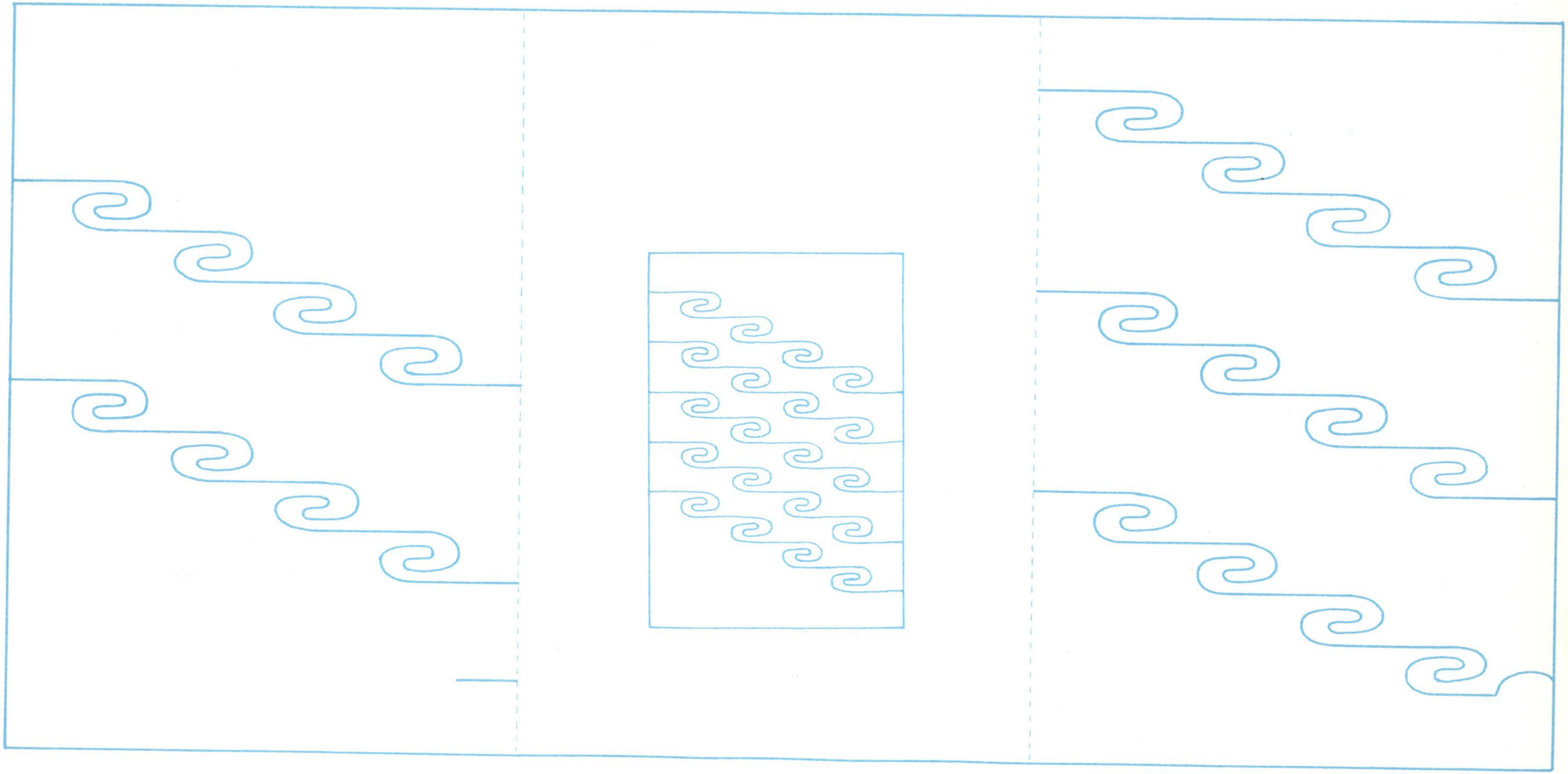